百年大计　教育为本

电工电子技术训练

主　编　夏　球
副主编　包　慧
主　审　范次猛

北京理工大学出版社
BEIJING INSTITUTE OF TECHNOLOGY PRESS

内容简介

本书结合高等职业教育的特点，遵循项目式教学体系实施编写，主要内容包括电工技术训练和电子技术训练两大部分，其中电工技术训练分为用电事故应急处理训练、常用电工工具及仪表的使用技术训练、导线加工基本工艺训练、照明电路安装技术训练、三相异步电动机控制电路的安装训练 5 个项目；电子技术训练分为电子测量技术训练、电子装接技术基础训练、电子装调技术综合训练 3 个项目。全书由 8 个项目构成，每个项目包含 1 ~ 2 个任务。

本书可作为机械设计与制造、数控技术、模具设计与制造等专业高职高专的实训教材，也可供企业及培训人员参考。

图书在版编目（CIP）数据

电工电子技术训练 / 夏球主编. —北京：北京理工大学出版社，2019. 12

ISBN 978 - 7 - 5682 - 8052 - 5

Ⅰ. ①电… Ⅱ. ①夏… Ⅲ. ①电工技术 - 高等学校 - 教材②电子技术 - 高等学校 - 教材 Ⅳ. ①TM②TN

中国版本图书馆 CIP 数据核字（2020）第 013451 号

出版发行 / 北京理工大学出版社有限责任公司
社　　址 / 北京市海淀区中关村南大街 5 号
邮　　编 / 100081
电　　话 / （010）68914775（总编室）
（010）82562903（教材售后服务热线）
（010）68948351（其他图书服务热线）
网　　址 / http：//www. bitpress. com. cn
经　　销 / 全国各地新华书店
印　　刷 / 三河市天利华印刷装订有限公司
开　　本 / 787 毫米 × 1092 毫米　1/16
印　　张 / 8. 5
字　　数 / 194 千字
版　　次 / 2019 年 12 月第 1 版　2019 年 12 月第 1 次印刷
定　　价 / 25. 00 元

责任编辑 / 多海鹏
文案编辑 / 多海鹏
责任校对 / 周瑞红
责任印制 / 李志强

江苏联合职业技术学院院本教材出版说明

江苏联合职业技术学院自成立以来，坚持以服务经济社会发展为宗旨、以促进就业为导向的职业教育办学方针，紧紧围绕江苏经济社会发展对高素质技术技能型人才的迫切需要，充分发挥“小学院、大学校”办学管理体制创新优势，依托学院教学指导委员会和专业协作委员会，积极推进校企合作、产教融合，积极探索五年制高职教育教学规律和高素质技术技能型人才成长规律，培养了一大批能够适应地方经济社会发展需要的高素质技术技能型人才，形成了颇具江苏特色的五年制高职教育人才培养模式，实现了五年制高职教育规模、结构、质量和效益的协调发展，为构建江苏现代职业教育体系、推进职业教育现代化做出了重要贡献。

我国社会的主要矛盾已经转化为人们日益增长的美好生活需要与发展不平衡不充分之间的矛盾，因此我们只有实现更高水平、更高质量、更高效益、更加平衡、更加充分的发展，才能全面实现新时代中国特色社会主义建设的宏伟蓝图。五年制高职教育的发展必须服从服务于国家发展战略，以不断满足人们对美好生活需要为追求目标，全面贯彻党的教育方针，全面深化教育改革，全面实施素质教育，全面落实立德树人根本任务，充分发挥五年制高职贯通培养的学制优势，建立和完善五年制高职教育课程体系，健全德能并修、工学结合的育人机制，着力培养学生的工匠精神、职业道德、职业技能和就业创业能力，创新教育教学方法和人才培养模式，完善人才培养质量监控评价制度，不断提升人才培养质量和水平，努力办好人民满意的五年制高职教育，为决胜全面建成小康社会、实现中华民族伟大复兴的中国梦贡献力量。

教材建设是人才培养工作的重要载体，也是深化教育教学改革、提高教学质量的重要基础。目前，五年制高职教育教材建设规划性不足、系统性不强、特色不明显等问题一直制约着内涵发展、创新发展和特色发展的空间。为切实加强学院教材建设与规范管理，不断提高学院教材建设与使用的专业化、规范化和科学化水平，学院成立了教材建设与管理工作领导小组和教材审定委员会，统筹领导、科学规划学院教材建设与管理工作，制定了《江苏联合职业技术学院教材建设与使用管理办法》和《关于院本教材开发若干问题的意见》，完善了教材建设与管理的规章制度；每年滚动修订《五年制高等职业教育教材征订目录》，统一组织五年制高职教育教材的征订、采购和配送；编制了学院“十三五”院本教材建设规划，组织 18 个专业和公共基础课程协作委员会推进了院本教材开发，建立了一支院本教材开发、编写、审定队伍；创建了江苏五年制高职教育教材研发基地，与江苏凤凰职业教育图书有限公司、苏州大学出版社、北京理工大学出版社、南京大学出版社、上海交通大学出版社等签订了战略合作协议，协同开发独具五年制高职教育特色的院本教材。

今后一个时期，学院将在推动教材建设和规范管理工作的基础上，紧密结合五年制高职教育发展新形势，主动适应江苏地方社会经济发展和五年制高职教育改革创新的需要，以学院18个专业协作委员会和公共基础课程协作委员会为开发团队，以江苏五年制高职教育教材研发基地为开发平台，组织具有先进教学思想和学术造诣较高的骨干教师，依照学院院本教材建设规划，重点编写和出版约600本有特色、能体现五年制高职教育教学改革成果的院本教材，努力形成具有江苏五年制高职教育特色的院本教材体系。同时，加强教材建设质量管理，树立精品意识，制订五年制高职教育教材评价标准，建立教材质量评价指标体系，开展教材评价评估工作，设立教材质量档案，加强教材质量跟踪，确保院本教材的先进性、科学性、人文性、适用性和特色性建设。学院教材审定委员会将组织各专业协作委员会做好对各专业课程（含技能课程、实训课程、专业选修课程等）教材出版前的审定工作。

本套院本教材较好地吸收了江苏五年制高职教育最新理论和实践研究成果，符合五年制高职教育人才培养目标定位要求。教材内容深入浅出，难易适中，突出“五年贯通培养、系统设计”专业实践技能经验的积累，重视启发学生思维和培养学生运用知识的能力。教材条理清楚、层次分明、结构严谨、图表美观、文字规范，是一套专门针对五年制高职教育人才培养的教材。

学院教材建设与管理工作领导小组
学院教材审定委员会
2017年11月

序　言

2015 年 5 月，国务院印发关于《中国制造 2025》的通知，通知重点强调提高国家制造业创新能力，推进信息化与工业化深度融合，强化工业基础能力，加强质量品牌建设，全面推行绿色制造及大力推动重点领域突破发展等，而高质量的技能型人才是实现这一发展战略的重要途径。

为全面贯彻国家对于高技能人才的培养精神，提升五年制高等职业教育机电类专业教学质量，深化江苏联合职业技术学院机电类专业教学改革成果，并最大限度地共享这一优秀成果，学院机电专业协作委员会特组织优秀教师及相关专家，全面、优质、高效地修订及新开发了本系列规划教材，并配备了数字化教学资源，以适应当前的信息化教学需求。

本系列教材所具特色如下：

● 教材培养目标、内容结构符合教育部及学院专业标准中制定的各课程人才培养目标及相关标准规范。

● 教材力求简洁、实用，编写上兼顾现代职业教育的创新发展及传统理论体系，并使之完美结合。

● 教材内容反映了工业发展的最新成果，所涉及的标准规范均为最新国家标准或行业规范。

● 教材编写形式新颖，教材栏目设计合理，版式美观，图文并茂，体现了职业教育工学结合的教学改革精神。

● 教材配备相关的数字化教学资源，体现了学院信息化教学的最新成果。

本系列教材在组织编写过程中得到了江苏联合职业技术学院各位领导的大力支持与帮助，并在学院机电专业协作委员会全体成员的一直努力下顺利完成了出版任务。由于各参与编写作者及编审委员会专家时间相对仓促，加之行业技术更新较快，教材中难免有不当之处，敬请广大读者予以批评指正，在此一并表示感谢！我们将不断完善与提升本系列教材的整体质量，使其更好地服务于学院机电专业及全国其他高等职业院校相关专业的教育教学，为培养新时期下的高技能人才做出应有的贡献。

江苏联合职业技术学院机电协作委员会

2017 年 12 月

前　言

“电工电子技术训练”课程是一门实践性很强、覆盖面很广的专业平台课程。本书为满足高职院校培养高技能型人才的要求，针对高职学生的基础和学习特点，从实践动手能力培养的角度出发，充分考虑学生的认知规律，循序渐进，以项目为引领、任务作驱动，并力求融入电工电子学科的新技术、新元件、新设备及新工艺，通过图文并茂、动作展示、数据测量等方式，让教、学、练、做、评真正得到实现。

本书建议按两周实施教学，共计60学时，教学时数分配如下。

项目内容	建议学时
项目一：用电事故应急处理训练	3学时
项目二：常用电工工具及仪表的使用技术训练	3学时
项目三：导线加工基本工艺训练	6学时
项目四：照明电路安装技术训练	4学时
项目五：三相异步电动机控制电路的安装训练	14学时
项目六：电子测量技术训练	6学时
项目七：电子装接技术基础训练	10学时
项目八：电子装调技术综合训练	14学时

本书编写力求新颖和实用，全书由夏球担任主编，包慧担任副主编，范次猛担任主审，刘海霞、何倩、李调、诸晓涛、孙敦峰、徐菊香、季沈华、张春红、陈卫建等老师参与编写。

由于编者水平有限，加上时间仓促，书中难免存在疏漏甚至错误，恳请广大读者批评指正。若有建议，请电子邮件发至 jsjjxq@ qq. com，不胜感谢！

编　者

目 录

项目一　用电事故应急处理训练 ………………………… 1

任务 1　触电原理及触电急救 ………………………… 2

任务 2　电气火灾的处理 ………………………… 10

项目二　常用电工工具及仪表的使用技术训练 ………………………… 15

任务 1　常用电工工具的使用 ………………………… 16

任务 2　常用的电工仪表及测量 ………………………… 21

项目三　导线加工基本工艺训练 ………………………… 29

任务 1　导线的加工及绑扎要求 ………………………… 30

任务 2　导线的连接工艺 ………………………… 36

项目四　照明电路安装技术训练 ………………………… 47

任务 1　简单照明电路的安装与调试 ………………………… 48

项目五　三相异步电动机控制电路的安装训练 ………………………… 55

任务 1　三相异步电动机的正转控制电路的安装写调试 ………………………… 57

任务 2　三相异步电动机正反转控制电路的安装与检测 ………………………… 65

项目六　电子测量技术训练 ………………………… 73

任务 1　数字万用表的使用 ………………………… 75

任务 2　数字双踪示波器使用 ………………………… 82

项目七　电子装接技术基础训练 ………………………… 89

任务 1　常用电子元器件的识别与检测 ………………………… 90

任务 2　常用电子元器件的焊接 ………………………… 98

项目八　电子装调技术综合训练 ………………………… 105

任务 1　集成稳压电源的安装与调试 ………………………… 107

任务 2　8 路抢答器的安装与调试 ………………………… 114

项目一
用电事故应急处理训练

【项目需求】

在科学技术蓬勃发展的今天，电在经济建设和日常生活中不可缺少，但是用电必须注意安全，否则就会给人民的生命财产造成严重损坏。本项目将通过多媒体的方式示范常见的用电事故应急处理方法。

【项目工作场景】

本项目建议在具有网络资源及三相五线制的实训室进行教学，实训场地应配有棕垫、人体模型、木棒、电话机、绝缘手套、绝缘靴、秒表、消毒酒精、药棉、钢丝钳、导线、电气柜、灭火器和万用表等。

【方案设计】

对触电及急救宜采用视频教学的方法，教师现场在实训平台上用万用表对动力电及照明电进行测试。对电气火灾的教学宜配置灭火器，由教师进行演示。

【相关知识和技能】

知识点：

(1) 触电的危害；
(2) 触电的主要原因；
(3) 电气火灾的主要原因；
(4) 电气火灾的预防措施。

技能点：

(1) 触电急救的方法；
(2) 电气火灾的处理方法。

任务1 触电原理及触电急救

任务目标

(1) 了解触电的原理，掌握触电急救的方法。

(2) 通过触电产生的危害和部分触电死亡的案例强调安全用电的重要性。

(3) 提高安全用电意识，规范生活中的用电行为。

任务分析

为了防止在用电过程中人体触电，用电部门采取了许多安全技术措施，然而，无论如何完善措施都不能从根本上杜绝触电事故的发生。本任务将通过多媒体的方式展示常见的触电形式并示范正确的急救、预防措施。

知识准备

图1－1－1所示为一组因触电死亡的案例。

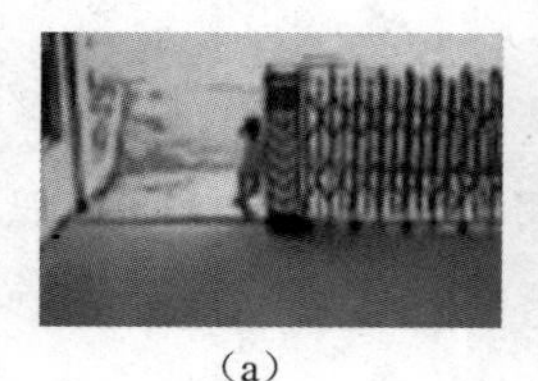

(a)

(b)

(c)

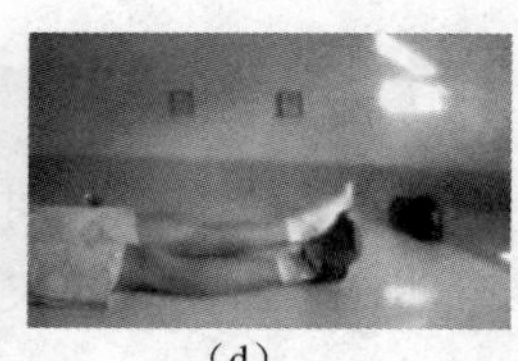

(d)

图1－1－1 一组因触电死亡的案例

(a) 某女孩在玩电动伸缩门时手触及绝缘破损的电缆，且蹦跳时将塑料凉鞋甩掉，触电当场死亡；(b) 某新娘光脚在浴室里，手摸因地线漏电而带电的喷淋头当场死亡（小区未装任何漏电保护器）；(c) 某男孩因靠近高压电源而触电身亡；(d) 某先生因触摸到漏电的开关而触电身亡（鞋子的绝缘性能不好且未装漏电保护器）

一、触电的危害

当人体触及带电体、带电体与人体之间闪击放电或电弧波及人体时，电流就会通过人体进入大地或其他导体，形成导电回路，这种情况就称为触电。人体触电时，电流会对人体造成两种伤害：电击和电伤。

1. 电击

电击是指电流通过人体，影响呼吸系统、神经系统和心脏，造成人体内部组织的破坏乃至死亡。当流过人体心脏的电流超过50 mA时，就会致命。这是因为正常的人体心脏跳动次数为60～80次/min，收缩时将血液输送到全身，舒张时将全身的血液收回来。触电时，由于电流对心脏的刺激，人的心脏每分钟跳动达300～400次（心室颤动），此时，心脏不可能正常供血，从而造成大脑缺氧，当缺氧达3～5 min时，就会引起人体死亡。

2. 电伤

电伤是指因电流的热效应造成皮肤的烫伤、灼伤，这种伤害会给人体留下伤痕，严重时也可能致命。

电击和电伤在高压触电事故中常常是同时发生的。调查表明，绝大部分触电事故是电击造成的。

二、触电的形式

触电事故，多数是由于人体直接接触带电体、设备发生故障或人体过于靠近带电体等引起的。

1. 人体直接接触带电体

当人体在地面或其他接地导体上时，人体的某一部分触及三相导线的任何一相所引起的触电事故称为单相触电，如图1－1－2（a）所示。单相触电对人体危害的大小与电压高低、电网中性点的接地方式等有关，据调查统计，在触电事故中，单相触电的次数占总触电次数的95%以上。除了单相触电外，还有两相触电。两相触电是指人体两处同时接触不同相的带电体而引起的触电事故，如图1－1－2（b）和图1－1－2（c）所示。

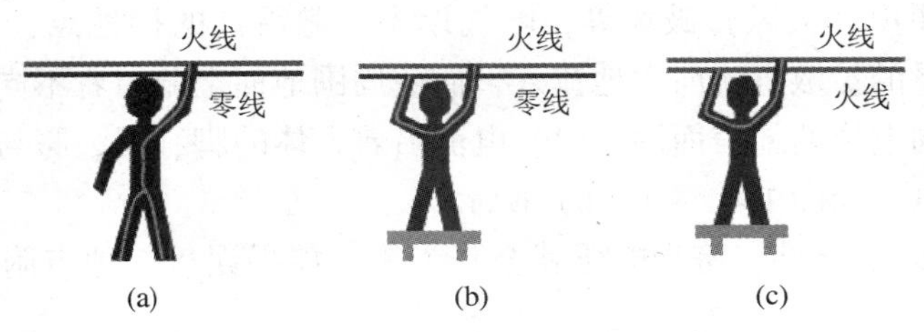

图1－1－2 直接接触带电体触电

（a）单相触电；（b）两相触电；（c）两相触电

（1）电源中性点接地的单相触电。这时人体处于相电压下，危险较大。通过人体的电流如图1－1－3（a）所示，则

$$I_b = \frac{U_P}{R_0 + R_b} = 219\ \text{mA} \gg 50\ \text{mA}$$

式中，U_P为电源相电压（220 V）；R_0为接地电阻（≤4 Ω）；R_b为人体电阻，约等于1 000 Ω。

（2）两相触电。这时人体处于线电压下（$U_l = 380$ V），危险更大。通过人体的电流如图1－1－3（b）所示，则

$$I_b = \frac{U_1}{R_b} = \frac{380}{1\,000} = 380\ (\text{mA})$$

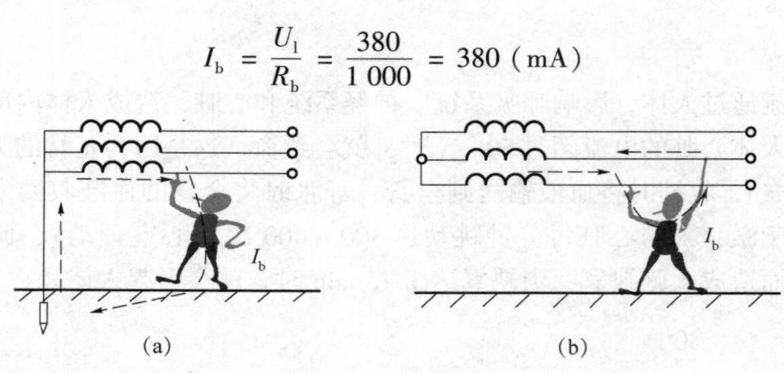

图 1-1-3 触电分析

(a) 电源中性点接地的单相触电；(b) 两相触电

2. 人体接触发生故障的电气设备

在正常情况下，电气设备的外壳是不带电的。但当线路故障或绝缘层破损时，人体一旦接触这些漏电或带电设备的外壳，就会发生触电事故。这时的触电情况和直接接触带电体一样，大部分触电事故属于这一类。

3. 电弧电压触电

当人体与带电体之间的距离过小时，虽然未与带电体相接触，但由于空气的绝缘强度小于电场强度，人体与带电体之间的空气被击穿，就会发生触电事故，如图 1-1-4（a）所示。因此，在《电气安全工作规程》中，国家有关部门对不同电压等级的电气设备都规定了最小允许安全间距。

4. 跨步电压触电

由于外力（如雷电、大风）破坏等，电气设备、避雷针的接地点，或断落电线断头接地点附近，将有大量的扩散电流向大地流入，而使周围地面上分布着不同电位。当人的脚与脚之间同时踩在不同电位的地表面两点时，电流沿着人体的脚、腿、胯与大地形成通路，从而引起跨步电压触电，如图 1-1-4（b）所示。

一般在接地点 20 m 之外，跨步电压就会降为零。如果误入接地点附近，则应双脚并拢或单脚跳出危险区。

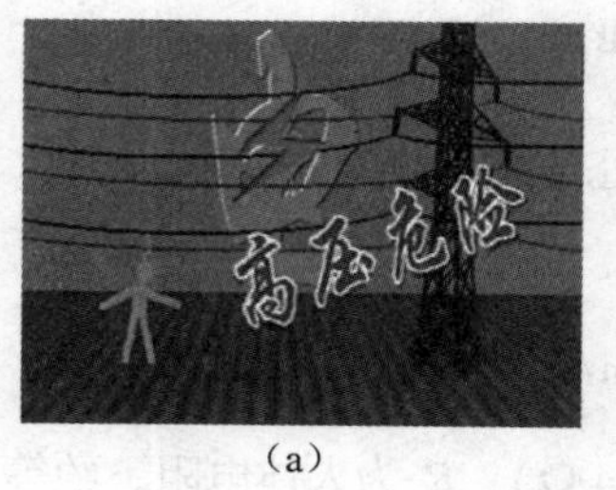

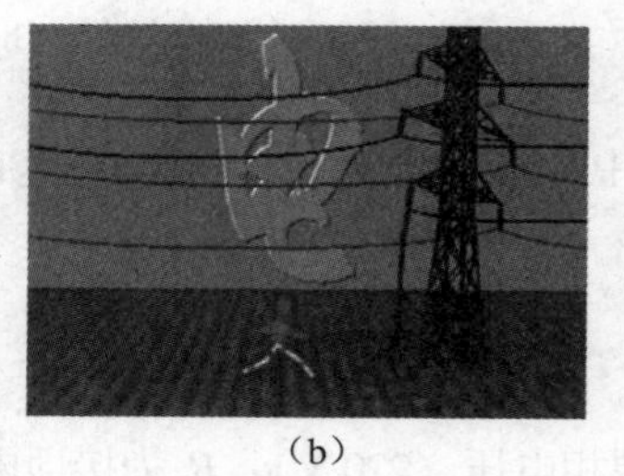

(a) (b)

图 1-1-4 电弧电压与跨步电压触电

(a) 电弧电压触电；(b) 跨步电压触电

三、决定触电者所受伤害程度的因素

调查表明：决定电击伤害程度的主要因素是流过人体电流的大小、电流流过人体的途径、电流流过人体的持续时间等；次要因素有流过人体电流的频率、人体电阻和触电电压的大小等。

（1）流过人体电流的大小以 mA 计量，它决定于外加电压以及电流进入和流出身体两点间的人体阻抗。流过身体的电流越大，人体的生理反应越强烈，对生命的威胁就越大。人体允许的安全工频电流为 30 mA，危险工频电流（致命电流）为 50 mA。

（2）电流流过人体的途径。电流从人的右手流经左脚的路径是最危险的，从一只脚流经另一只脚的危险性较小。电流纵向通过人体比横向通过人体时更易发生心室颤动，因此危险性更大。

（3）电流流过人体的持续时间以 ms 计量。人体通电时间越长，则人体电阻值因出汗等原因而下降，导致流经人体的电流增大，后果严重。

（4）流过人体电流的频率。在同样电压下，交流比直流更为危险，实验证明 25 ~ 300 Hz 的交流电最易引起人体心室颤动，因此工频（50 Hz）对人体的伤害很大。医学实验证明，高频电流不仅对人体没有危害，还可以用于医疗保健等。

（5）人体电阻和触电电压（$I = U/R_b$）。

①当电压一定时，人体电阻越小通过人体的电流就越大。人体电阻的大小因人而异，正常情况下人体电阻根据皮肤的潮湿情况可按 1 000 ~ 3 000 Ω考虑，当角质层被破坏时，人体电阻的阻值会明显降低。一般女性和小孩的人体电阻的阻值比成年男子的阻值低。

②当人体电阻阻值相同时，触电电压越高，通过人体的电流就越大。安全电压 50 V 的限值就是根据人体电阻为 1 700 Ω、安全电流为 30 mA 计算出来的。我国规定变压器输出工频电压的有效值等级为 42 V、36 V、24 V、12 V 和 6 V，用户应根据作业场所、操作条件、使用方式、供电方式、线路状况等来选择。通常把 36 V 以下的电压定为安全电压，工厂进行设备检修时使用的手灯及机床照明普遍采用 24 V 电压供电。

任务实施

一、触电后应采取的措施

实验研究表明，如果从触电 1 min 后开始救治，则有 90% 的概率能救活；如果从触电 6 min 后开始抢救，则仅有 10% 的概率；而从触电 12 min 后开始抢救，则救活的可能性极小。因此，当发现有人触电时，应争分夺秒进行抢救，牢记“迅速、就地、正确、坚持”的八字方针。

（1）发生触电事故时，在保证救护者本身安全的同时，必须首先设法使触电者迅速脱离电源。常用方法是：拉、切、挑、拽、垫。①拉开闸盒（注意是闸盒而不是开关，因为有的开关安装不规范，接在零线上）；②用绝缘利器如电工钳或带绝缘手柄的刀具割断电线（注意要一根一根剪，防止短路）；③用绝缘木杆、竹杆等挑开电源线；④利用干燥的围巾、毛毯等拽出触电者（注意不要拉鞋，也不要直接用手触摸触电者）；⑤将木板垫在触电者身下。

（2）迅速对触电者的受伤情况做出简单诊断，观察一下是否存在呼吸，摸一摸颈部或腹股沟处的大动脉有没有搏动，看一看瞳孔是否放大，一般可按下述情况处理：①触电者神志清醒，但有乏力、头昏、心慌、出冷汗、恶心、呕吐等症状，应使触电者就地安静休息，症状严重的，应小心护送其到医院进行检查治疗；②触电者心跳尚存，但神志昏迷，应将病人抬至空气流通处，注意保暖，做好人工呼吸和心脏按压的准备工作，并立即通知医疗部门或用担架送触电者去医院抢救；③如果触电者处于“假死”状态（一般瞳孔放大为 8 ~ 10 mm 才能确定为死亡），应立即对其施行人工呼吸、心脏按压或两种方法同时进行抢救，并迅速拨打 120 急救电话。应特别注意急救要尽早地进行，不能等待医生的到来，在送往医院的途中也不能停止急救工作。

二、正确实施口对口人工呼吸救治

口对口人工呼吸是人工呼吸法中最有效的一种，在施行前，应迅速将触电者身上妨碍呼吸的衣领、上衣、裙带等解开，检查触电者的口腔，清理口腔的黏液，如有假牙，应取下。然后使触电者仰卧，头部充分后仰，使鼻孔朝上，如图 1－1－5 所示。

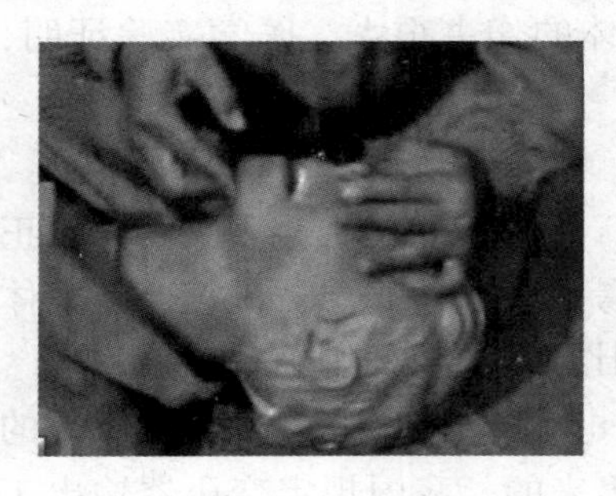

图 1－1－5　口对口人工呼吸

具体操作步骤如下。

一手捏紧触电者鼻孔，另一手将其下颌拉向前下方（或托住其颈后），救护者深吸一口气后紧贴触电者的口并向内吹气，同时观察其胸部是否隆起，以确保吹气有效，持续时间约 2 s。

吹气完毕后，应立即离开触电者的口，并放松捏紧的鼻子，让其自动呼气，注意胸部的复原情况，持续时间约 3 s。

按照上述步骤连续不断地进行操作，直到触电者开始呼吸为止。

触电者如果是儿童，则救护者只可小口吹气，或不捏紧鼻子，任其自然漏气，以免肺泡破裂；如发现触电者胃部充气膨胀，可一面用手轻轻加压于其上腹部，一面继续吹气和换气，如无法使触电者的嘴张开，可改为口对鼻人工呼吸。

三、正确实施胸外心脏按压法进行急救

胸外心脏按压法是触电者心脏停止跳动后的急救方法，其目的是强迫心脏恢复自主跳动。在使用胸外心脏按压法时，应该使触电者平躺在比较坚实、平整、稳固的地方，保持呼吸道畅通（具体要求同口对口人工呼吸法），救护者则位于触电者一侧。

急救动作如下。

（1）救护者用右手的中指和食指，沿触电者肋弓下缘上滑至两肋弓与胸骨的接合处，把中指横放在接合下，食指放胸骨下端，另一只手掌根紧挨着放在胸骨上，然后将第一只手移开叠放在另一只手的手背上，且两手掌必须平行，不能十字交叉。两手掌的手指必须上翘，以防压伤胸骨。

（2）按压时，救护者稍弯腰，向前倾，双肩位于双手正上方，掌根用力向下压，靠救护者的体重和肩肌适度用力，要有一定的冲击力量，而不是缓慢用力，使胸骨下段与

相连的肋骨下陷 3 ~ 4 cm，而压迫心脏使心脏内血液搏击。如触电者是儿童，则救护者可以用一只手按压，要轻一些，以免损伤触电者的胸骨，如图 1 – 1 – 6 所示。

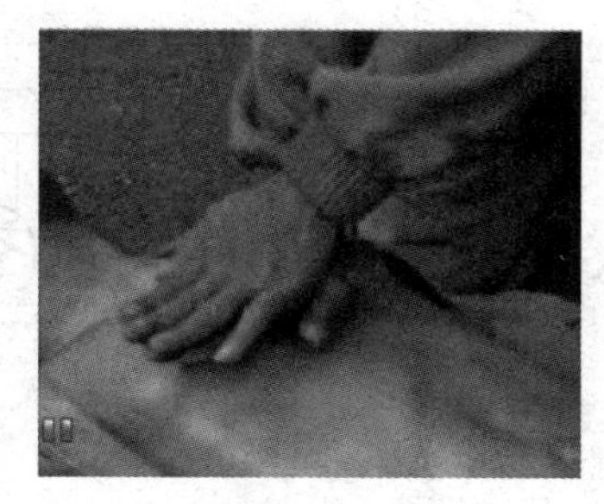

图 1 – 1 – 6　心脏按压

(3) 救护者在按压后突然放松，掌根不必离开胸膛，依靠胸廓弹性使胸骨复位，心脏舒张，大静脉的血液流回心脏。

(4) 按照上述步骤，有条不紊地进行，每秒按压一次，一直到触电者的嘴唇和皮肤的颜色转为红润，以及动脉搏跳动为止。

任务总结

一、模拟训练

(1) 模拟典型触电情境：单相、两相、跨步电压、电弧电压等触电现象。

(2) 利用人体模型模拟触电急救。

①迅速切断事故现场电源；

②模拟拨打 120 急救电话；

③将触电者移至通风干燥处，使其身体平躺，解开其上衣纽扣、松开腰带；

④仔细观察触电者的生理特征，根据情况采用相应的急救方法实施抢救；

⑤口对口人工呼吸抢救；

⑥胸外心脏按压法急救。

二、知识拓展

1. 工作接地与保护接地

1) 工作接地

工作接地是指将电源的中性点直接接地，如图 1 – 1 – 7 所示。

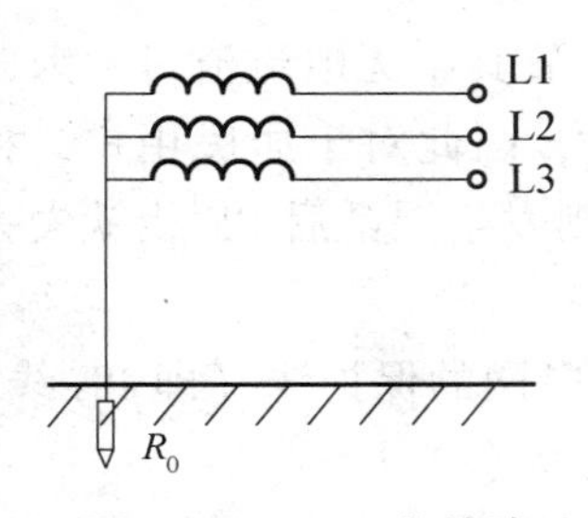

图 1 – 1 – 7　工作接地

我国 110 kV 的超高压系统，为降低设备绝缘要求，通常采用中性点直接接地的运行方式；而低于 1 kV 的低压系统，则考虑到单相负荷的使用，通常也都采用中性点直接接地的运行方式（接地体通常用角钢或钢管制成，角钢的厚度不小于 4 mm，钢管管壁厚度不小于 3.5 mm，长度一般为 2 ~ 3 m，接地电阻不超过 4 Ω）。

2) 保护接地

对于中性点不接地的电网（如 6 ~ 35 kV 的中压系统，为提高供电可靠性，一般采用中性点不接地的方式），应采用保护接地的运行方式。

保护接地是把电气设备的金属外壳部分与地面连接起来，如图 1 – 1 – 8 所示。这样能利用接地装置的分流作用来减少通过人体的电流，且不影响供电运行。

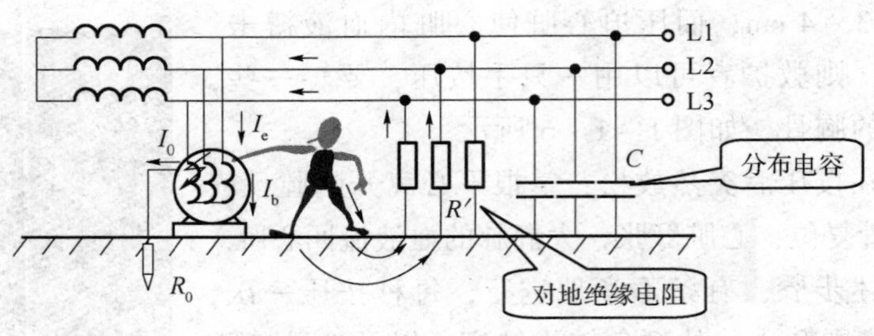

图 1-1-8　保护接地

保护原理：当电气设备内部绝缘层损坏发生一相碰壳时，由于外壳带电，当人触及外壳后，接地电流 I_e经过人体进入地面，再经其他两相对地绝缘电阻 R'及分布电容 C 回到电源。当 R'值较低、C 较大时，I_b将达到或超过危险值。

而采用保护接地后，通过人体的电流为

$$I_b = I_e \frac{R_0}{R_0 + R_b}$$

由图 1-1-8 可知，人体电阻 R_b与接地电阻 R_0为并联，由于 $R_b \gg R_0$，所以通过人体的电流可减小到安全值以内，也不影响供电运行。

2. 工作接零与保护接零

1）工作接零

对于额定电压为 220 V 的家用电器，应接在相线（L）与中性点（N）之间，接入 N 线的这根线称为工作接零。

2）保护接零

在变压器的中性点直接接地的低压供电线路中，不允许将电气设备的金属外壳与大地直接相连，而是通过保护线与大地相连，这种保护方式称为保护接零。

低压供电系统通常使用三相五线制，即 3 根相线，俗称火线（L1、L2、L3）；1 根中性线，俗称零线（N）；1 根保护线，俗称地线（PE）。

PE 线和变压器 N 线具有 2 个独立的接地系统，用于安全要求较高、设备要求统一接地的场所。

N 线与 PE 线虽然在电源端均接地，但由于 PE 线不接负载，故其中无电流流过，因此 PE 线也叫安全线或地线。而 N 线接单相负载，其中有电流流过，因此对于居民用户，相线、零线、地线进入用户侧后，不能把 PE 线当作 N 线使用，否则发生混乱后 PE 线就失去了保护作用。

综上所述，所谓保护接零即把电气设备的金属外壳部分通过电网的保护线（即 PE 线）与大地连接起来（而保护接地则是直接与大地相连），如图 1-1-9（a）所示。

保护原理：当电气设备绝缘层损坏造成一相碰壳时，该相电源短路，其短路电流从事故相到外壳、PE 线、电源中性点而形成短路，短路电流很大，能使保护设备（如熔断器）迅速动作，将故障设备从电源切除，防止人体触电。

对于带有金属外壳的单相用电设备，如家用电器（电冰箱、洗衣机等），常用三脚插头通过三孔插座与电源连通，三孔插座的正确接法如图 1-1-9（a）所示。使用时，应将用

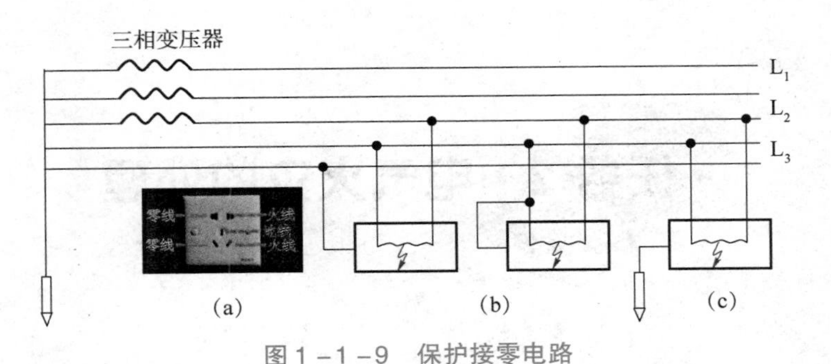

图 1-1-9 保护接零电路

(a) 通过三孔插座正确；(b) 错误接线；(c) 错误接地

电器设备外壳用导线连接到三脚插头中间那个较长、较粗的插脚上，然后通过插座接到电源的 PE 线（安全保护线），以实现保护接零。插座的其他两根线，一根接到电源的相线 L，另一根接零线 N，且这两根线上应同时装设熔断器，这样做可以提高熔断器熔断的概率，有利于缩短短路事故的持续时间。

还应注意，绝不允许用一根接零线来取代工作接零线和保护接零线，如图 1-1-9（b）所示。这样一旦接零线断开，设备外壳就会带电，这是很危险的。另外，采用这种接法，如果电源零线和相线互相接错，就会把电气设备的外壳连接到相线上，会出现更大的危险，造成触电事故。

任务 2　电气火灾的处理

任务目标

（1）了解电气火灾的产生原因，掌握电气火灾的处理方法。

（2）通过电气火灾产生的危害强调安全用电的重要性。

（3）树立正确的用电意识，形成安全用电、科学用电的理念。

任务分析

随着社会经济的不断发展，电的作用越来越大，它在改善人们生活的同时，也增加了火灾的危险性，因此，加强电气安全防范管理是一项重要的任务。本任务将学习如何安全用电以及电气火灾处理的基本知识和方法。

知识准备

一、电气安全技术规程

我国在电气安全技术方面主要有以下规程：《电业安全工作规程》《低压电气规程》《发供电安全生产工作规程》等。

具体的安全操作规程如下。

（1）维修电工必须具备电路基础知识，熟悉设备的安装位置、特性、电气控制原理及操作方法，不允许在未查明故障原因及设有安全措施的情况下盲目试机。

（2）在现场维修时至少两人同时在场，不允许单人操作。

（3）在使用仪表测试电路时，应先调好仪表相应挡位，确认无误后才能进行测试。

（4）维修设备时，必须首先通知操作人员，在停车后切断电源，把熔断器取下，挂上标示牌，方可进行检修工作。检修完毕后应及时通知操作人员。

（5）电器或线路拆除后，可能通电的线头必须及时用绝缘胶布包扎好，确保安全稳妥。

（6）任何电气设备未经检验，一律视为有电，禁止用手触摸。

（7）禁止使用普通铜丝代替熔断器。

（8）每次维修结束时必须清点所带工具、零件，清除工作场地所有杂物，以防工具遗

失或将杂物留在设备内造成事故。

(9) 每次开始工作前都必须重新检查电源，确定已断开，并验明无电后才能操作。

(10) 发现有人触电后要立即采取正确的抢救措施。

二、电气火灾的主要原因及预防措施

电气火灾一般是指由于电气线路、用电设备、器具以及供配电设备出现故障性释放的热能或非故障性释放的热能引燃本体或其他可燃物造成的火灾。短路、过载、漏电等都有可能导致火灾，设备自身缺陷、施工安装不当、电器接触不良、雷击静电引起的高温电弧和电火花是导致电气火灾的直接原因，周围存放易燃易爆物是电气火灾的环境条件。电气火灾产生的具体形式如下。

(1) 设备或线路发生短路故障。由于电气设备绝缘层损坏、电路年久失修或电工疏忽大意、操作失误及设备安装不合格等都有可能造成短路故障，其短路电流可达正常电流的几十倍甚至上百倍，产生的热量会使温度上升，超过设备自身或周围可燃物的燃点引起燃烧，从而导致火灾。

(2) 过载引起电气设备过热。选用不合理的线路或设备，使线路的负载电流超过了导线额定电流，若电气线路长期处于过载状态，则会引起线路过热而导致火灾。

(3) 接触不良引起过热。接头连接不牢或不紧密、动触点压力过小等会使接触电阻过大，从而使接触部位过热而引起火灾。

(4) 通风散热不良。大功率设备缺少通风散热设备或通风散热设备损坏造成过热从而引发火灾。

(5) 电器使用不当。如电炉、电熨斗、电烙铁等未按要求使用或使用结束后忘记断开电源引起过热从而导致火灾。

(6) 电火花和电弧。有些电气设备正常运行时就能产生电火花、电弧，如大容量开关、接触器触点的分合操作等，电火花温度可达数千度，遇可燃物便可点燃，遇可燃气体便会发生爆炸。

日常生活和生产的各个场所中广泛存在着易燃易爆物质，如石油液化气、煤气、天然气、汽油、柴油、酒精、棉麻、织物的木材、塑料等；另外一些设备本身可能会产生易燃易爆物质，如设备的绝缘油在电弧作用下分解和汽化而喷出大量油雾和可燃气体，酸性电池排出氢气并形成爆炸性混合物等。一旦这些易燃易爆环境遇到电气设备和线路故障导致的火源，便会立刻着火燃烧。

电气火灾的防护措施主要致力于消除隐患，提高用电安全，具体措施如下。

首先，在安装电气设备时必须保证质量，并应满足安全防火的各项要求。要用合格的电气设备，破损的开关、灯头和电线都不能使用；电线的接头要按规定的方法牢靠连接，并用绝缘胶带包好。对于接线桩头、端子的接线，要拧紧螺丝，防止因接线松动而造成接触不良。电工安装好设备后，并不意味着可以一劳永逸了。用户在使用过程中，如发现灯头、插座的接线松动（特别是移动电器插头接线容易松动）、接触不良或有过热现象，要找电工及时处理。

其次，不要在低压线路和开关、插座、熔断器附近放置油类、棉花、木屑和木材等易燃物品。

在发生电气火灾前都有一种前兆，要特别引起重视，即电线因过热会烧焦绝缘外皮，散发出一种烧胶皮、烧塑料的难闻气味。所以，当闻到此气味时，应想到可能是电气方面引起的，如查不到其他原因，应立即拉闸停电，直到查明原因、妥善处理后，才能合闸送电。

任务实施

万一发生了火灾，不管是否是电气方面引起的，首先要想办法迅速切断火灾范围内的电源。如果火灾是电气方面引起的，切断了电源，也就切断了起火的火源；如果火灾不是电气方面引起的，大火也会烧坏电线的绝缘，若不切断电源，烧坏的电线会造成碰线短路，引起更大范围的火灾。同时还应拨打 119 火警电话。

扑灭电气火灾时要用绝缘性能较好的气体灭火器、干粉灭火器或使用盖土、盖沙的方法，严禁在带电时用水或泡沫灭火器灭火，因为水和泡沫灭火剂是导电的。若显像管、电视机或电脑屏幕失火，即使切断电源，也不能使用水或泡沫灭火器。

表 1－2－1 列举了几种常用电气灭火器的主要性能及使用方法。

表 1－2－1　常用电气灭火器的主要性能及使用方法

种类	二氧化碳	四氯化碳	干粉	1211
规格	<2 kg 2～3 kg 5～7 kg	<2 kg 2～3 kg 5～8 kg	8 kg 50 kg	1 kg 2 kg 3 kg
药剂	液态的二氧化碳	液态的四氯化碳	钾盐、钠盐	二氟一氯一溴甲烷
导电性	无	无	无	无
灭火范围	电气、仪器、油类、酸类	电气设备	电气设备、石油、油漆、天然气	油类、电气设备、化工、化纤原料
不能扑救的物质	钾、钠、镁、铝等	钾、钠、镁、乙炔	旋转电机火灾	
效果	距着火点 3 m 距离	3 kg 喷 30 s，7 m 内	8 kg 喷 14～18 s，4.5 m 内；50 kg 喷 50～55 s，6～8 m	1 kg 喷 6～8 s，2～3 m
使用	一只手将喇叭口对准火源，另一只手打开开关	扭动开关，喷出液体	握住出粉皮管，拔出保险，喷出干粉（必须选择上风或者侧风方向）	拔下铅封或横锁，用力压下压把即可
保养和检修	置于方便处		置于干燥通风处，防潮、防晒	置于干燥处，勿摔碰

灭火器的保管：灭火器在不使用时，应注意对其的保管和检修，保证随时可正常使用。灭火器应放置在取用方便之处，并注意干燥通风、防潮、防晒。注意灭火器的使用期限。应防止灭火器喷嘴堵塞。灭火器应定期检查，保证完好，如对于二氧化碳灭火器，应每月测量一次质量，当质量低于原来的十分之一时，应充气；对于四氯化碳灭火器、干粉灭火器应检查其压力，若压力低于规定压力时应及时充气。

任务总结

一、模拟训练

（1）模拟拨打119火警电话报警；

（2）切断火灾现场电源；

（3）选用正确的消防器材灭火；

（4）清理现场；

（5）讨论分析火灾产生的原因，排除事故隐患。

二、知识拓展

1. 照明开关必须接在火线上

如果将照明开关安装在零线上，虽然断开时电灯也不亮，但灯头的相线仍然是接通的，而灯不亮人们就会错误地认为是处于断电状态。而实际上灯具上各点的对地电压仍是220 V的危险电压，如果灯灭时人们触及这些实际上带电的部位，就会造成触电事故，所以各种照明开关或单相小容量用电设备的开关只有串接在火线上，才能确保安全。

2. 单相三孔插座的正确安装

通常单相用电设备中有金属外壳的用电器，都应使用三脚插头和与之配套的三孔插座。三孔插座上有专用的保护接零（地）插孔，在采用接零保护时，常常仅在插座底内将此孔接线桩头与引入插座内的那根零线直接相连，这是极为危险的，因为万一电源的零线断开，或者电源的火（相）线、零线接反，其外壳等金属部分也将带上与电源相同的电压，这就会导致触电。因此，接线时专用的接地插孔应与专用的保护接地线相连。采用接零保护时，接零线应从电源端专门引来，而不应就近利用引入插座的零线，插座中的正确接线如图1－1－9（a）所示。

3. 严禁将塑料绝缘导线直接埋在墙内

塑料绝缘导线在经过长时间的使用后，塑料会老化龟裂，绝缘水平大大降低，当线路短时过载或短路时，更易加速塑料的损坏，一旦墙体受潮，就会引起大面积漏电，危及人身安全。此外，塑料绝缘导线直接暗埋不利于线路检修和保养。

4. 正确使用漏电保护器

随着人们生活水平的提高，家用电器不断增加，在用电过程中，由于电气设备本身的缺陷、使用不当和安全技术措施不到位而造成的人身触电和火灾事故，给人民的生命和财产带来了巨大的损失，而漏电保护器的出现能够预防各类事故的发生，为保护设备和人身安全提供了可靠而有效的技术手段。

漏电保护器又称漏电保护开关，是一种新型的电气安全装置，其主要用途是：

①防止由于电气设备和电气线路漏电而引起触电；

②防止用电过程中的单相触电；

③及时切断电气设备运行中的单相接地故障，防止因漏电引起的电气火灾。

5. 漏电保护器在技术上的指标

漏电保护器在技术的指标如下。

（1）漏电保护器应装有必要的监视设备，以防运行状态改变时失去保护作用，如电压型漏电保护器应装设零线接地的装置。

（2）漏电保护的动作时间一般情况下不应大于0.1 s。

（3）漏电保护的灵敏度要正确合理，一般启动电流应为15～30 mA。

6. 家用电路中不要同时使用太多的电器

家庭用电的电压是220 V，如果用电的功率越大，那么根据 $P=IU$ 可知，通过电路的电流就越大。首先看供电线路允许通过的最大电流，如某家庭配电箱动力用电最大电流为20 A，照明用电最大电流为16 A；再看家用电器的功率值，如洗衣机1 500 W、微波炉1 300 W、电冰箱145 W、电暖器1 800 W、热水器1 200 W，虽然每个用电器功率值都不大，但同时使用时，功率之和 $P_{总}=1\,500+1\,300+145+1\,800+1\,200=5\,945$（W），总电流 $I_{总}=P_{总}/U=5\,945/220=27$（A）$>20$ A，超过供电线路允许通过的最大电流，因此会发生危险，所以电路中同时使用的用电器不能太多。同样，一个电源插座也不宜同时接很多用电器，若通过插座的电流超过该插座允许的最大电流，这个插座也将烧坏，导线过载同样会发生危险。

项目二 常用电工工具及仪表的使用技术训练

【项目需求】

电工在安装和维修各种电气设备及供配电线路时，离不开各种常用的电工工具，正确使用和维护电工工具既能提高工作效率和施工质量，又能减轻劳动强度、保证操作的安全和延长电工工具的使用寿命。验电笔、万用表等是维修中必备的电工工具，本项目将学习常用的电工工具和仪表的使用方法。

【项目工作场景】

本项目的教学建议在电工实验或实训室进行，场地应配有常用电工工具、仪表、电工电子综合实验台等，以便于教师现场示范操作和讲解。

【方案设计】

教师示范操作各种电工工具的使用，包括钢丝钳、尖嘴钳、螺丝刀、电工刀、剥线钳、验电笔等，指导学生按图进行电工板的安装和测试；介绍各种常用电工仪表的使用方法及注意事项，利用电工电子综合实验台测量电路板上的固定电阻。

【相关知识和技能】

知识点：

(1) 常用电工工具的名称及用途；

(2) 钳口工具、紧固工具、验电笔的使用方法；

(3) 电工仪表的名称及功能；

(4) 万用表、钳形电流表、兆欧表的使用方法。

技能点：

(1) 用电工工具安装电工板并测试；

(2) 用万用表测量电阻、交直流电压及电流。

任务1　常用电工工具的使用

任务目标

(1) 识别常用电工工具，掌握电工工具的使用方法。

(2) 通过理论学习，使用电工工具安装调试电路，掌握其使用方法及注意事项。

(3) 培养规范操作各类电工工具的意识，增加电工技能学习的兴趣。

任务分析

电工在安装和维修各种电气设备及供配电线路时，离不开各种电工工具。电工工具种类繁多，用途广泛，按其使用范围可分为两大类：通用电工工具与专用电工工具，这里只介绍通用电工工具。通用电工工具除本任务中介绍的以外，还有手锯、手锤和锉刀等钳工操作的基本工具。

知识准备

通用电工工具是指一般专业电工都要应用的常用工具装备。对电气操作人员而言，能否熟悉和掌握通用电工工具的结构、性能、使用方法和规范操作，将直接影响其工作效率、工作质量以及人身安全。

一、验电笔的识别及使用

验电笔是检验导线和电气设备是否带电的一种检测工具。一般使用的是低压验电笔，又称电笔，它是用来检验对地电压在 250 V 及以下的低压电气设备的，也是家庭中常用的电工安全工具。验电笔有发光式和数显式两种，如图 2－1－1（a）所示。

发光式验电笔由氖泡、电阻、弹簧、笔身和笔尖等组成，在使用验电笔时，手指必须触及笔尾的金属部分，并使氖管小窗背光且朝向自己，以便观测氖管的亮暗程度，防止因光线太强造成误判断，其使用方法如图 2－1－1（b）所示。当用验电笔测试带电体时，电流经带电体、验电笔、人体及大地形成通电回路，只要带电体与大地之间的电位差超过 36 V，验电笔中的氖管就会发光。低压验电笔检测的电压范围为 60～500 V。

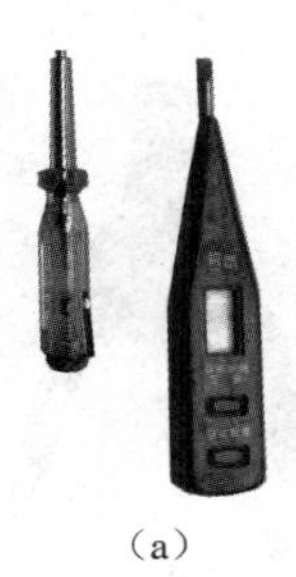
（a）

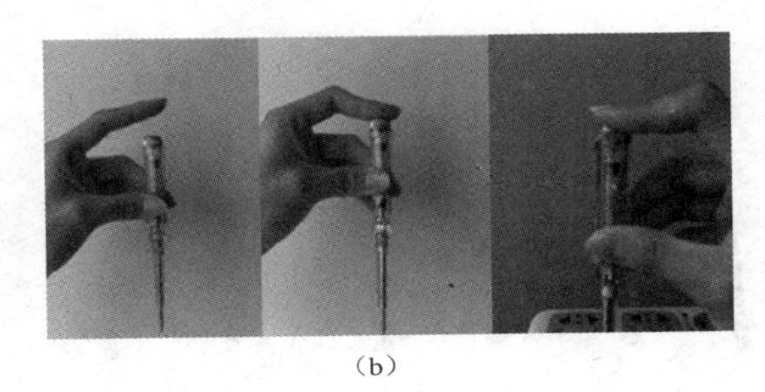
（b）

图 2－1－1　验电笔及其使用
（a）验电笔；（b）验电笔的使用

使用验电笔时应注意以下几点。

（1）使用前，先要在有电的导体上检查验电笔是否正常发光，检验其可靠性。

（2）在明亮的光线下往往不容易看清氖管的辉光，应注意避光。

（3）电笔的笔尖虽与螺丝刀形状相同，但它只能承受很小的扭矩，不能像螺丝刀那样使用，否则会损坏。

（4）低压验电笔可以用来区分相线和零线，使氖管发亮的是相线，不亮的是零线。低压验电笔也可用来判别接地故障，如果在三相四线制电路中发生单相接地故障，用验电笔测试中性线时，氖管会发亮；在三相三线制电路中，用验电笔测试三根相线，如果两相很亮而另一相不亮，则不亮的这一相可能有接地故障。

（5）低压验电笔可用来判断电压的高低。氖管越暗，表明电压越低；氖管越亮，表明电压越高。

二、钳口工具的识别和使用

1. 钢丝钳

钢丝钳的用途很多，钳口用来弯绞和钳夹导线线头，齿口用来紧固或起松螺母，刀口用来剪切或剥削软导线绝缘层，铡口用来铡切导线线芯、钢丝等较硬金属丝。钢丝钳的外形如图 2－1－2（a）所示。使用钢丝钳的注意事项如下：

（1）使用前，必须检查绝缘柄的绝缘性能是否良好；

（2）剪切带电导线时，不得用刀口同时剪切相线和中线或不同相的相线，以免发生短路事故。

2. 尖嘴钳

尖嘴钳适合在狭小的空间操作。尖嘴钳有铁柄和绝缘柄两种，绝缘柄的耐压为 500 V。尖嘴钳能夹持较小螺钉、垫圈和导线等元件。在装接控制线路时，尖嘴钳能将单股导线弯成所需的各种形状。尖嘴钳的外形如图 2－1－2（b）所示。

3. 斜口钳

斜口钳又称断线钳，斜口钳钳柄的绝缘套管耐压为 1 000 V，用于剪断较粗的导线和其他金属线，还可以直接剪断低压带电导线。斜口钳的外形如图 2－1－2（c）所示。

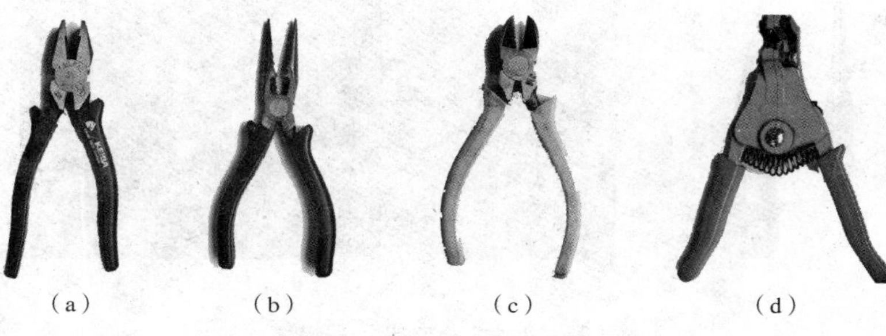

（a）　　（b）　　（c）　　（d）

图2－1－2　各种钳具

（a）钢丝钳；（b）尖嘴钳；（c）斜口钳；（d）剥线钳

4. 剥线钳

剥线钳是专门用于剥削小线径导线绝缘层的工具，手柄是绝缘的，耐压为500 V，其外形如图2－1－2（d）所示。钳头由压线口和切口组成，具有直径为0.5～3 mm的多个切口，可适应不同规格的导线的剥削。剥削时，把导线放入相应的刀口中（比导线直径稍大，否则会切断导线），用手将钳柄紧握，导线的绝缘层就会被割破，且自动弹出，图2－1－3所示为剥线钳的使用示意图。

三、紧固工具的使用

螺丝刀又称旋凿或起子，它是一种紧固、拆卸螺钉的工具。螺丝刀的式样和规格很多，按头部形状可分为一字形和十字形两种，如图2－1－4所示。

图2－1－3　剥线钳的使用示意图

图2－1－4　螺丝刀

一字形螺丝刀用来紧固或拆卸带一字槽的螺钉，其规格用柄部以外的体部长度表示，电工常用的一字形螺丝刀有50 mm、150 mm等多种规格。

十字形螺丝刀是专供紧固或拆卸带十字槽螺钉的，其长度和十字头大小有多种，按十字头的规格分为4种型号：1号适用的螺钉直径为2～2.5 mm，2号为3～5 mm，3号为6～8 mm，4号为10～12 mm。另外，还有一种组合式螺丝刀，它配有多种规格的一字头和十字头，螺丝刀可以方便更换，具有较强的灵活性，适合紧固和拆卸多种不同的螺钉。

螺丝刀是电工最常用的工具之一，使用时应选择带绝缘手柄的螺丝刀，使用前先检查其绝缘性能是否良好；螺丝刀的头部形状和尺寸应与螺钉尾槽的形状和大小相匹配，严禁用小螺丝刀去拧大螺钉，或用大螺丝刀拧小螺钉，更不能将螺丝刀当凿子使用。

四、其他工具

1. 电工刀

电工刀是一种切削工具，外形如图 2－1－5（a）所示，主要用于剥削导线绝缘层，其刀口应磨制成单面呈圆弧状，刀刃部分锋利一些。在剥削电线绝缘层时，可把电工刀略微向内倾斜，用刀刃的圆角抵住线芯，刀口向外推出。这样既不易削伤线芯，又能防止操作者受伤。

2. 电烙铁

电烙铁是一种焊接工具，主要用于手工焊接电路板上的电子元器件，其外形如图 2－1－5（b）所示。

当电烙铁通电后，电阻丝发热，电烙铁头升温，加热的电烙铁达到工作温度后，将固态焊锡丝加热熔化，借助于助焊剂的作用，熔化的焊锡丝流入被焊金属之间，待其冷却后形成牢固可靠的焊接点。

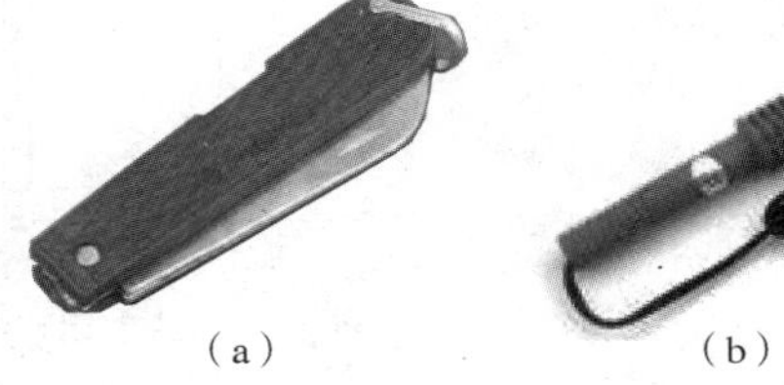

（a）　　（b）

图 2－1－5　电工刀、电烙铁

（a）电工刀；（b）电烙铁

电烙铁使用注意事项：

（1）正确选用电烙铁的规格型号；

（2）选用合适的助焊剂；

（3）保持电烙铁头清洁；

（4）暂停使用时，应把电烙铁放到烙铁架上。

任务实施

该任务是常用电工工具的使用，主要是通用电工工具的使用，在本任务的训练中学生将会学习使用钢丝钳、尖嘴钳和螺丝刀；学习使用电工刀、剥线钳；学习使用验电器。这是从事电工工作必备的基础工作。

（1）老师先演示以下操作，然后指导学生按照图 2－1－6 进行电工板的安装和测试。

①用螺丝刀紧固螺钉；

②用钢丝钳和尖嘴钳剪切、弯绞导线；

③用电工刀、剥线钳剥削导线。

（2）学生练习：

①用螺丝刀紧固螺钉；

②用钢丝钳和尖嘴钳做剪切、弯绞导线的练习；

③用电工刀、剥线钳对废旧塑料单芯硬导线做剥削导线练习；

④按图 2－1－6 所示的线路装一个示教板。

实验时先向学生说明，虚线框内部分表示验电笔的结构。R_1 表示人体的电阻，它的下端接了地线，表示人站在地上。先把验电笔接向触点 1，这时相当于验电笔笔尖接到零线上，验电笔两端电压为零，氖管不发光；再把验电笔接向触点 2，这时相当于验电笔笔尖接到火线上，加于氖管的电压超过它的起辉电压（约 70 V），从而使它发出辉光。

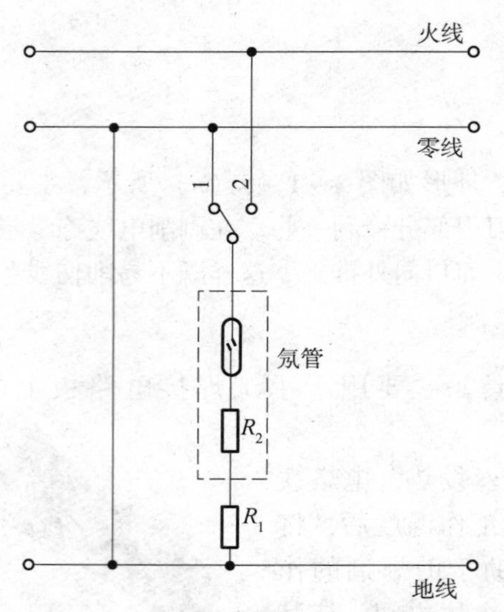

图2－1－6　用验电笔辨别火线和零线

任务总结

1. 当示教板的电源插头插入电源插座，并把验电笔接向触点 2 时，氖管应发出辉光；否则要把电源插头拔出，将两插脚对调后再插入电源插座。

2. 因示教板电路接入了 220 V 的电压，故所有导线都应用塑料管套、电工胶布包封严密，同时演示时仍要谨防触电，演示完毕后应立即将电源插头拔离插座，以保证安全。

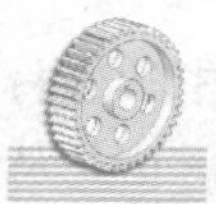

任务评价

序号	评价项目	评价内容	分值	个人评价	小组评价	教师评价	得分
1	常用电工工具的使用	螺丝刀的使用	10				
		钢丝钳、尖嘴钳的使用	10				
		电工刀、剥线钳剥削导线的练习	10				
		弯绞导线的练习	10				
2	配电板的安装	配电板的安装	30				
		验电笔的测试	10				
3	问题思考	正确思考问题	10				
4	文明安全	遵守安全生产规程，在安装调试过程中注意培养自己的敬业精神	10				

任务 2　常用的电工仪表及测量

任务目标

(1) 了解各种仪表的名称及功能，掌握其测量原理。

(2) 通过操作示范及实践测量，强调电工仪表的使用方法及注意事项。

(3) 通过学会电工仪表的操作方法，增强掌握电工技能的信心。

任务分析

在进行电工作业时，需要对电力系统各种电压等级电气设备的技术参数、量值（模拟量）进行确定。进行该项工作，需要利用各种电工仪表确认电气参数是否满足技术要求，这是保证电力系统和电气设备安全运行的基本条件。

知识准备

一、万用表

万用表是电工必备的仪表之一，它是一种多功能、多量程的便携式电工仪表，一般的万用表可以用于测量直流电流、交直流电压和电阻，有些万用表还可用于测量电容、功率、晶体管共射极直流放大系数 h_{FE} 等。万用表分为指针万用表和数字万用表两种。

1. 指针万用表

1）指针万用表结构

图 2-2-1（a）所示为 MF-47 型指针万用表，它主要由表头、面板、挡位转换开关、红黑表笔等组成。

（1）表头。表头是万用表的测量显示装置，表头中间下方的小旋钮为机械零位调节旋钮。

表头共有 7 条刻度线，从上向下分别为电阻（黑色）、直流毫安（黑色）、交流电压（红色）、晶体管共射极直流放大系数 h_{EF}（绿色）、电容（红色）、电感（红色）、分贝（红色）。

（2）挡位转换开关。挡位转换开关用来选择被测电量的种类和量程，有 5 挡，分别为交流电压、直流电压、直流电流、电阻及晶体管，共 24 个量程。将挡位转换开关拨到直流

电流挡，可分别与 5 个接触点接通，用于测量 500 mA、50 mA、5 mA 和 500 μA、50 μA 量程的直流电流。同样，当挡位转换开关拨到电阻挡时，可分别测量 ×1 Ω、×10 Ω、×100 Ω、×1 kΩ、×10 kΩ 量程的电阻；当挡位转换开关拨到直流电压挡时，可分别测量 0.25 V、1 V、2.5 V、10 V、50 V、250 V、500 V、1 000 V 量程的直流电压；当挡位转换开关拨到交流电压挡时，可分别测量 10 V、50 V、250 V、500 V、1 000 V 量程的交流电压。

（3）插孔。MF－47 型万用表共有 4 个插孔，左下角红色"＋"为红表笔正极插孔，黑色"－"为公共黑表笔插孔；右下角"2 500 V"为交直流电压 2 500 V 插孔，"5 A"为直流电流 5 A 插孔。

（4）机械调零。旋动万用表面板上的机械零位调整螺钉，使指针对准刻度盘左端的"0"位置。读数时目光应与刻度盘的表面垂直，使万用表指针与反光铝膜中的指针重合，确保读数的精度。检测时先选用较高的量程，然后根据实际情况调整量程，最后使读数在满刻度的 2/3 附近。

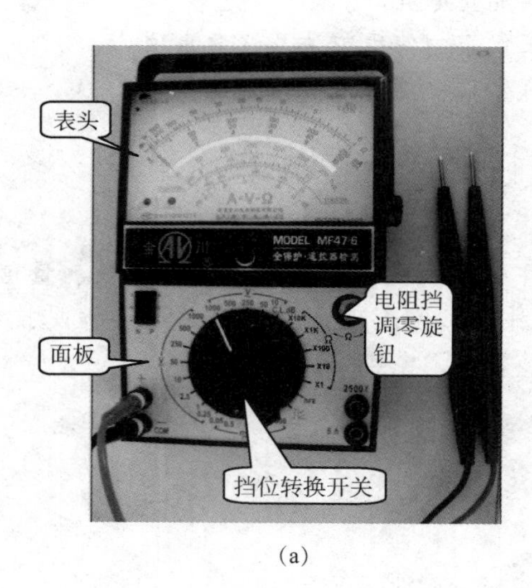

（a）

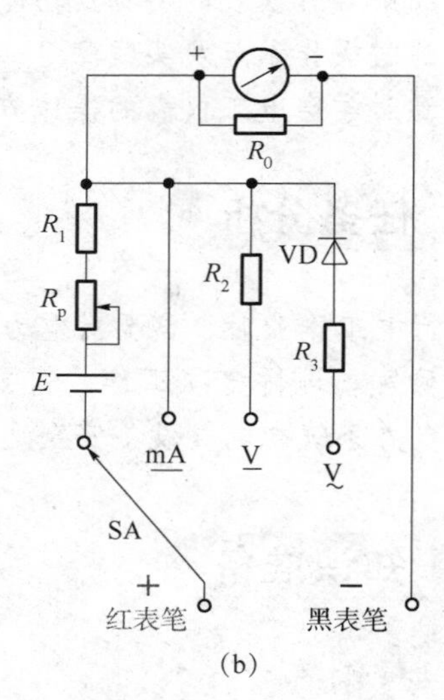

（b）

图 2－2－1　MF－47 型指针万用表

（a）实物图；（b）原理简图

2）万用表的基本使用

（1）测量直流电压。把万用表两表笔插好，红表笔接"＋"插孔，黑表笔接"－"插孔，把挡位转换开关拨到直流电压挡，并选择合适的量程。当被测电压数值范围不确定时，应先选用较高的量程，把万用表两表笔并联到被测电路上，红表笔接直流电压正极，黑表笔接直流电压负极，不能接反。根据测出电压值再逐步选用低量程，最后使读数在满刻度的 2/3 附近。

（2）测量交流电压。测量交流电压时将挡位转换开关拨到交流电压挡，表笔不分正负极，与测量直流电压时一样的方法进行读数，其读数为交流电压的有效值。

（3）测量直流电流。把万用表两表笔插好，红表笔接"＋"插孔，黑表笔接"－"插孔，把挡位转换开关拨到直流电流挡，并选择合适的量程。当被测电流数值范围不确定时，应先选用较高的量程。把被测电路断开，将万用表两表笔串联到被测电路上，注意直流电流从红表笔流入、黑表笔流出，不能接反。根据测出电流值再逐步选用低量程，保证读数的精度。

（4）测量电阻。插好表笔，将挡位转换开关拨到电阻挡，并选择合适的量程。短接两表笔，旋动电阻调零旋钮进行电阻挡调零，使指针指到电阻刻度右边的“0”Ω处，将被测电阻脱离电源，用两表笔接触电阻两端，由表头指针显示的读数乘所选量程的分辨率数即为该电阻的阻值。如选用“$R\times10$”挡测量，指针指示50，则被测电阻的阻值为$50\times10=500$（Ω）。如果示值过大或过小，则要重新调整挡位，保证读数的精度。最好不使用刻度左边三分之一的部分，这部分刻度密集，读数误差大。

3）使用万用表的注意事项

使用万用表的注意事项有以下几点。

（1）测量时不能用手触摸表笔的金属部分，以保证安全和测量准确性。

（2）测量直流电流时要注意电流的极性，避免反偏打坏表头。

（3）不能带电调整挡位或量程，以避免电刷的触点在切换过程中产生电弧而烧坏线路板或电刷。

（4）测量完毕后应将挡位转换开关拨到交流电压的最高挡或空挡。

（5）不允许测量带电的电阻，否则会烧坏万用表。

（6）表内电池的正极与面板上的“－”插孔相连，负极与面板上的“＋”插孔相连，如果不用时误将两表笔短接会使电池很快放电并流出电解液，腐蚀万用表，因此不用时应将电池取出。

（7）在测量电解电容和晶体管等器件的阻值时要注意其极性。由图2－2－1（b）所示万用表的原理简图可知，用电阻挡时已断开外电路中的电源，此时红表笔接表内电池负极，黑表笔接正极。

（8）电阻挡每次换挡都要进行调零。

（9）一定不能用电阻挡测电压，否则会烧坏熔断器或损坏万用表。

2. 数字万用表

数字万用表的介绍详见本书项目六中的任务1。

二、钳形电流表

钳形电流表是一种用于测量正在运行的电气线路的电流大小的仪表，可以在不用断电的情况下测量电流。钳形电流表有指针式钳形电流表和数字式钳形电流表，它们只是在显示的方式上不一样，其基本工作原理是一致的，它们的外形如图2－2－2（a）和图2－2－2（b）所示。

1. 工作原理

当被测载流导线中有交变电流通过时，交变电流的磁通在互感器副绕组中感应出电流，使电磁式电流表的指针发生偏转，在表盘上即可读出被测电流值。

2. 使用方法

钳形电流表的使用方法如下。

（1）测量前，应检查指针是否在零位，否则应进行机械调零。

（2）测量时，量程选择旋钮应置于适当位置，以便测量时指针处于刻度盘的中间区域，减少测量误差。

(3) 如果被测电路电流太小，则可将被测载流导线在钳口部分的铁芯上缠绕几圈再测量，然后将读数除以穿入钳口内导线的根数即为实际电流值。

(4) 测量时，将被测导线置于钳口内中心位置，可减小测量误差。

(5) 钳形电流表用完后，应将量程选择旋钮旋至最高挡。

3. 钳形电流表使用时的注意事项

钳形电流表使用时的注意事项如下。

(1) 每次测量只能钳入一根导线，图2－2－3（a）所示为正确操作，图2－2－3（b）所示为不正确操作。

(2) 被测线路的电压要低于钳形电流表的额定电压。

(3) 测量高压线路的电流时要戴绝缘手套、穿绝缘鞋，并站在绝缘垫上。

(4) 钳口要闭合紧密，不能带电换量程。

（a）

（b）

图2－2－2　钳形电流表

（a）数字式；（b）指针式

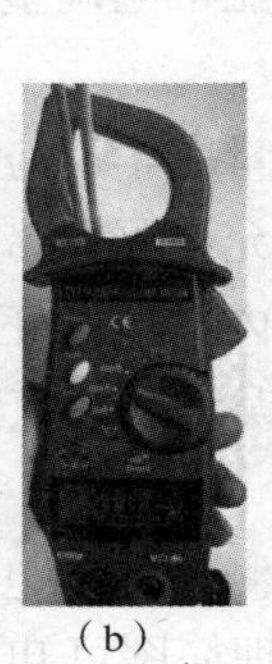

（a）（b）

图2－2－3　测量电流

（a）正确；（b）不正确

三、兆欧表

电气设备正常运行的条件之一就是各种电气设备的绝缘良好，而当受热或受潮时，绝缘材料老化，其绝缘性能便降低。为了避免事故发生，要求用兆欧表判断电气设备的绝缘电阻。兆欧表如图2－2－4所示，其中图2－2－4（a）所示为手摇式（也称摇表），图2－2－4（b）所示为数字式。

（a）

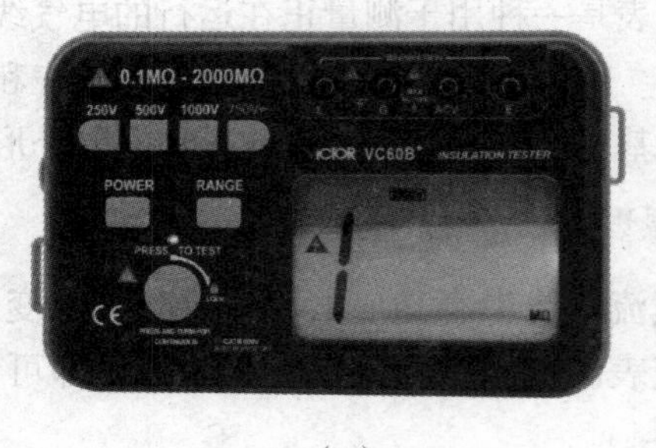

（b）

图2－2－4　兆欧表

（a）手摇式；（b）数字式

1. 手摇式兆欧表的结构

兆欧表的类型很多，但其原理基本相同，手摇式兆欧表主要由测量机构和电源（一般

为手摇发电机）两部分组成。

兆欧表中的电源部分产生的电压越高，其测量范围越广。兆欧表中的手摇直流发电机可以发出较高的电压，常用的电压规格有 500 V、1 000 V、2 500 V 等，最高电压为 5 000 V，相应的量程为 100 000 MΩ。

2. 手摇式兆欧表使用前准备

兆欧表在使用前，首先要做好以下几项准备工作：

（1）测量前必须将被测设备的电源切断，并对地短路放电，以保证人身和设备的安全；

（2）被测物表面要进行清洁，减少接触电阻，确保测量结果的准确性；

（3）测量前要进行一次开路和短路试验，检查兆欧表是否良好，将兆欧表“L”（线路）和“E”（接地）两端钮开路，摇动手柄，指针应指在一处，再将两端钮短接，轻摇手柄，指针应指在“0”处，这样就说明兆欧表是好的；

（4）兆欧表使用时应放在平稳、牢固的地方，且远离磁场，以免影响测量的准确度。

3. 兆欧表的使用方法

当用兆欧表测量电气设备的绝缘电阻时，一定要注意“L”和“E”的端钮不能接反，正确的接法是：“L”线端钮接被测设备导体，“E”地端钮接被测设备的外壳，“G”屏蔽端接被测设备的绝缘部分。如果将“L”和“E”接反了，则流过绝缘体内及表面的漏电流经外壳汇集到地，由地经“L”流进测量线圈，使“G”失去屏蔽作用而给测量带来很大误差。另外，因为“E”端内部引线同外壳的绝缘程度比“L”端与外壳的绝缘程度要低，若将兆欧表放在地上使用，当采用正确的接线方式时，“E”端对仪表外壳和外壳对地的绝缘电阻相当于短路，不会造成误差；而当“L”与“E”接反时，“E”对地的绝缘电阻同被测绝缘电阻并联，而使测量结果偏小，会给测量带来较大误差。

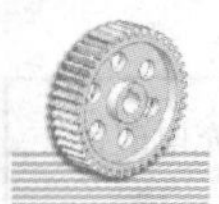

任务实施

万用表的测量。

（1）测固定电阻的电阻值。用万用表测量图 2－2－5 所示电路板上固定电阻的电阻值，并将数据记入项目一任务完成考核表 2－2－1 中。

（2）测电容的电阻值。用万用表测量图 2－2－5 所示电路板上电容的绝缘电阻（每次测量前先将电容用导线短接放电一下），至稳态时将数据记入项目一任务完成考核表 2－2－2 中。观察现象：

①测量过程中指针并非立刻到位，且动态变化的快慢与 R 或 C 值有关；

②至稳态时测量电容的电阻值很大（趋于无穷大）。

（3）测电感线圈的电阻值。用万用表测量图 2－2－5 所示电路板上的镇流器及变压器原、副绕组电感线圈的电阻值，并将数据记入项目一任务完成考核表 2－2－3 中。和电容的稳态电阻值比较，电感线圈的电阻值几乎为零。

（4）测二极管的电阻值。用万用表测量图 2－2－5 所示电路板上二极管的正、反向电阻值，并将数据记入项目一任务完成考核表 2－2－4 中。观察正、反向电阻值的差别（普通电阻没有正反向之分）；观察用不同电阻挡位测量的二极管正向电阻值的差别（测量普通电阻基本一致）。

图 2-2-5　组合实验电路模块

（5）测直流电压。用万用表测量图 2-2-5 所示电路板上直流电压源的电压。

（6）测交流电压。用万用表测量图 2-2-5 所示电路板上交流电压源的任意两相电压及一根相线与一根零线之间的电压。

表 2-2-1　用万用表测量普通电阻的电阻值

电阻标称值	510 Ω	1 kΩ	5.1 kΩ	10 kΩ
用 ×100 Ω 挡测量				
用 ×1 kΩ 挡测量				

表 2-2-2　用万用表测量电容的电阻值

电容容量/μF	用 ×100 Ω 挡测量	观察充电时间（快、慢）	电容容量/μF	用 ×1 kΩ 挡测量	观察充电时间（快、慢）
470			470		
10			10		

表 2-2-3　用万用表测量电感线圈的电阻值

日光灯镇流器电感线圈的阻值	原绕组电感线圈的电阻值	副绕组电感线圈的电阻值

表 2-2-4　用万用表测量二极管的正、反向电阻值

二极管	用 ×100 Ω 挡测量	用 ×1 kΩ 挡测量
正向电阻（黑表笔接正极）		
反向电阻（红表笔接正极）		

任务总结

（1）连接电路前，先弄清仪器的接线方法和使用方法，明确各段线路中所连接仪表和仪器的规格。

（2）合理地安排仪表的位置，既要考虑到整齐和易于接线，又要照顾到操作和读数的方便以及操作安全。电路连线应尽量简单、整齐和清楚。

（3）任务实施过程中不能只埋头读数和记录，应时刻注意是否出现异常现象，如有异常现象，应先切断电源，然后查找原因，待问题解决后再继续测量。

任务评价

序号	评价项目	评价内容	分值	个人评价	小组评价	教师评价	得分
1	仪表使用	能正确使用万用表测量电阻值	20				
		能正确使用万用表测量交、直流电压	20				
		能正确使用兆欧表测量绝缘电阻值	20				
2	问题思考	正确思考问题	20				
3	安全文明	遵守安全文明生产规程	20				

项目三 导线加工基本工艺训练

【项目需求】

在安装布线中，常常需要将导线连接或将导线与电气设备的端子连接。由于导线中的电流很大，因而对连接头的要求很高，这些连接头的质量在很大程度上决定了电路能否安全可靠地运行，因此熟练掌握导线加工与连接的基本技能，是从事这一行业最基本的技能要求。

【项目工作场景】

本项目的教学建议在电工实验室或实训室进行，场地应配有电工刀、钢丝钳、斜口钳、尖嘴钳、剥线钳及压线钳等电工工具，以及相关的导线和冷压端子等。

【方案设计】

教师对导线加工基本工艺训练进行多媒体教学，讲述其相应的实训步骤，并且在实训过程中对学生给予细节指导。

【相关知识和技能】

知识点：

(1) 熟悉常见的电工工具，如电工刀、钢丝钳、斜口钳、尖嘴钳、剥线钳和压线钳等的使用；

(2) 掌握导线的连接要求和连接方法。

技能点：

电工的基本操作工艺。

任务1　导线的加工及绑扎要求

任务目标

（1）运用多媒体辅助教学和视频演示的信息化教学手段，让学生学中做、做中学。

（2）掌握导线的加工及绑扎要求。

（3）通过学习导线的加工，认识到导线的加工对电气安装的重要性，树立起质量观念和安全意识。

任务分析

导线是安装布线过程中必不可少的。在不同的环境下，导线的选择也不同。在加工导线时，要学会正确使用加工工具，会对导线进行下料、剥头、捻头、浸锡、压接及屏蔽导线端头加工等一系列的操作。

知识准备

一、导线加工工具的使用方法

在导线加工、绑扎和连接时，常常会使用一些加工工具，而这些加工工具的种类较多，常用的主要有电工刀、钢丝钳、斜口钳、尖嘴钳、剥线钳及压线钳等，其实物如图3－1－1～图3－1－6所示。

图3－1－1　电工刀

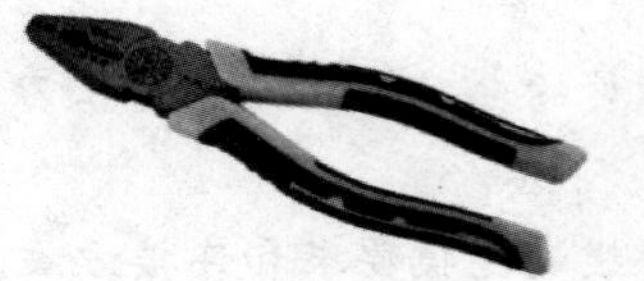

图3－1－2　钢丝钳

二、常用导电材料

导电材料大部分是金属，其特点是导电性好、有一定的机械强度、不易氧化和腐蚀、容

易加工和焊接。金属中导电性能最佳的是银，其次是铜、铝。由于银的价格比较昂贵，因此只在比较特殊的场合才使用，一般都将铜和铝作为主要的导电金属材料。

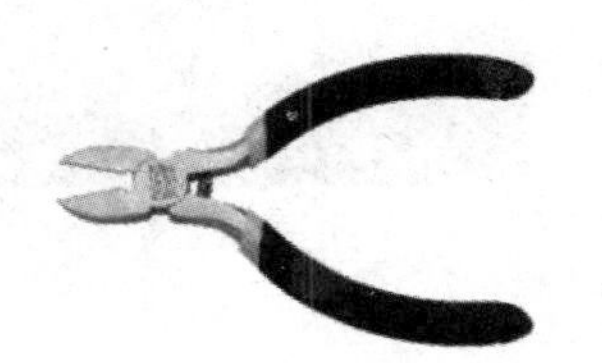

图 3－1－3　斜口钳

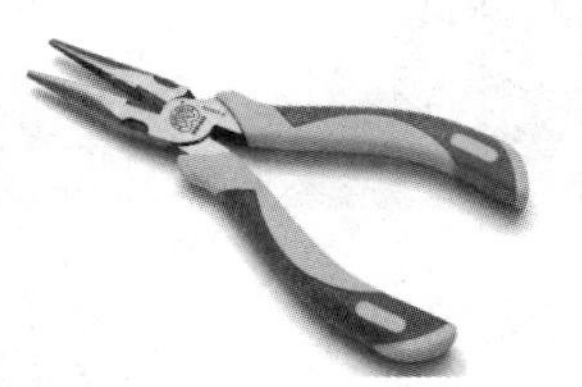

图 3－1－4　尖嘴钳

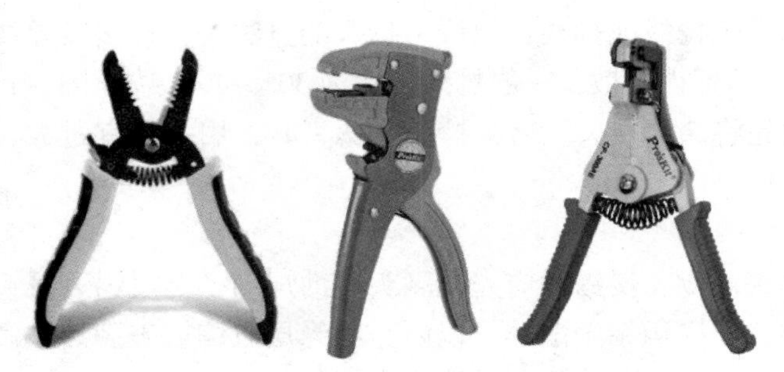

图 3－1－5　剥线钳

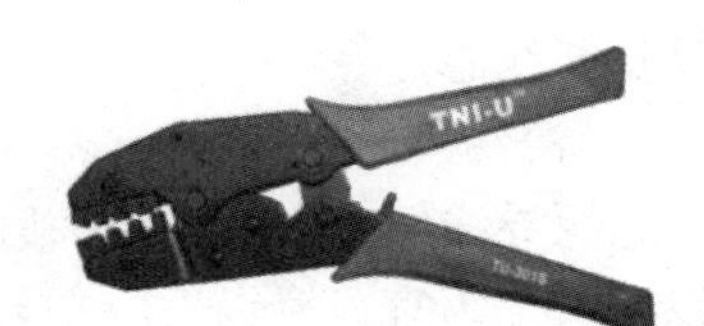

图 3－1－6　压线钳

1. 铜

铜的导电性能好，在常温时有足够的机械强度，具有良好的延展性，便于加工，化学性能稳定，因此被广泛用于制造变压器、电机和其他电器的线圈。纯铜俗称紫铜，含铜量高，根据材料的软硬程度可分为硬铜和软铜两种。

2. 铝

铝的电阻率比铜大，密度小，同样长度的两根导线，若要求它们的电阻值一样，则铝导线的截面积约为铜导线的 1.69 倍。铝资源较丰富，价格便宜，在铜材紧缺时，铝材是最好的代用品。但铝导线的焊接比较困难，必须采用特殊的焊接工艺。

三、导线加工

导线加工一般包括绝缘导线加工和屏蔽导线端头加工。

1. 绝缘导线加工

1）下料

按导线加工的要求，绝缘导线应按先长后短的顺序，用斜口钳等工具对所需导线进行剪切。剪切绝缘导线时要拉直再剪，裁剪时应做到长度一致、切口整齐，且不损伤导线内芯及绝缘皮（漆），剪切的示意图如图 3－1－7 所示。

2）剥头

将绝缘导线的两端用剥线钳等工具去掉一段绝缘层而露出线芯的过程，称为剥头，如图 3－1－8 所示。剥头长度应符合导线加工的要求。剥头时应做到：绝缘层剥除整齐，线芯无损伤、断股等。

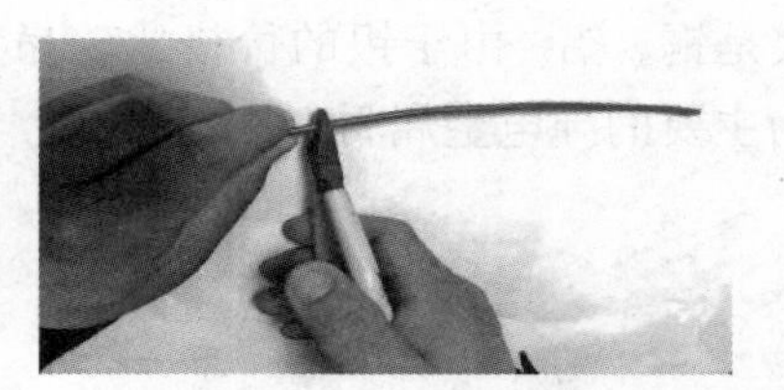
图 3-1-7　剪切

图 3-1-8　剥头

3）捻头

多股导线被剥去绝缘层后，线芯容易松散、折断，不利于安装。因此，将多股导线剥头后，必须进行捻头处理。捻头可采用手工捻线或捻线机捻线。捻头的方法是：按多股导线原来合股的方向扭紧，导线的线芯被扭紧后不得松散，一般捻线角度为 30°~45°，如图 3-1-9 所示。如果线芯上有涂漆层，则必须先将涂漆层去除后再捻头。捻头时，用力不宜过大，否则易捻断线芯。

4）浸锡

绝缘导线经过剥头、捻头后应尽快浸锡，浸锡时应先把剥头浸助焊剂，再浸锡。浸锡时间以 1~3 s 为宜，浸锡后应立刻将导线浸入酒精中散热，以防止绝缘层收缩或破裂。被浸锡的表面应光滑明亮，无拉尖和毛刺，焊料层厚薄均匀，无残渣和焊剂。

若需导线量很少，则可以用电烙铁搪锡。搪锡是预先在元器件的引线、导线端头和各类线端子上镀上一层薄而均匀的焊锡，如图 3-1-10 所示。

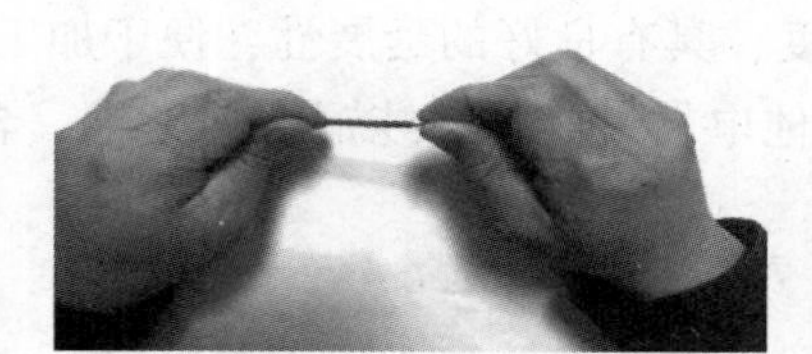
图 3-1-9　捻头

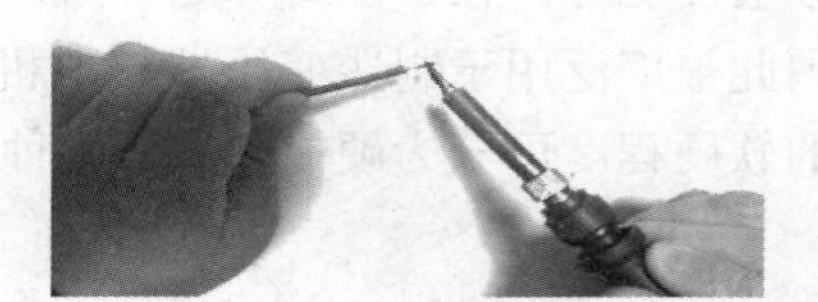
图 3-1-10　搪锡

5）压接

压接是指接线端的金属压线筒包住裸导线，用手动或自动的专用压接工具对压线筒进行机械压紧而产生的连接。其优点为：温度适应性强，耐高温也耐低温；连接机械强度高，无腐蚀；电气接触好。

（1）冷压端子。冷压端子包括电子连接器和空中接头，它是一段封在绝缘塑料里的金属，端头有孔可以插入导线，用于实现电气连接，图 3-1-11 所示为冷压端子的示意图。在任何情况下，连接器件必须与连接的导线截面积和材料性质相适应，一般 1 个端子只连接 1 根导线。常用的手工压接工具是压线钳，一般在批量生产中常用半自动或自动压接机完成从切断电线、剥线头到压接的全部工序。

（2）压接方法。压接因使用不同的结构而有各自的压接方法。首先根据需要的长度剪切导线，将压接导线按接线端子的尺寸剥去线端，按导线外径和线芯截面调整手工压线钳，使之在正确压接范围内；然后将端子及导线准确放入压线钳压膜内，压下手柄，如图 3-1-12 所示。注意不要让导线脱落，也不要让外皮伸进压线部位，最后压接完成后的端子如图 3-1-13 所示。

图 3-1-11　冷压端子示意图

图 3-1-12　压线钳压接叉形插头端子

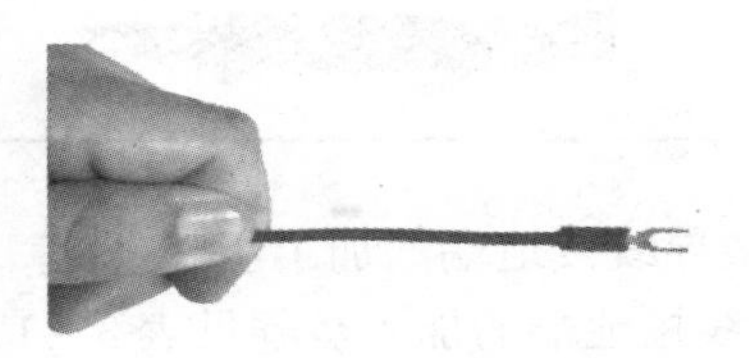

图 3-1-13　压接成品

2. 屏蔽导线端头加工

外部有导体包裹的导线叫屏蔽线，包裹的导体叫屏蔽层。屏蔽层是为减少外电磁场对电源或通信线路的影响而专门采用的一种带金属编织物外壳的导线。这种屏蔽线也有防止线路向外辐射电磁能的作用 。

1）屏蔽导线端头不接地端的加工步骤

在对屏蔽导线不接地端进行端头处理时，去除的屏蔽层不能太长，否则会影响屏蔽效果。屏蔽导线端头不接地端的加工步骤见表 3-1-1。

表 3-1-1　屏蔽导线端头不接地端的加工步骤

序号	实训图片	操作方法
1		用电工刀压在需要处理的屏蔽层导线上，用力均匀，慢慢旋转导线，直至橡胶皮能松动，注意不要破坏屏蔽层
2		拔掉橡胶皮，露出屏蔽层

续表

序号	实训图片	操作方法
3		把屏蔽层集中到一侧，捻头，用斜口钳剪掉屏蔽导线引出端处的屏蔽层，注意不要伤到里面的线芯
4		在屏蔽导线引出端处套上一段比它稍粗的热缩管并用热风枪加热。注意：套热缩管用热风枪吹时露头不能太长，且不宜吹得太久，形成很好的硬结即可
5		屏蔽层内部导线处理：截去线芯外绝缘层，根据实际使用需求可做搪锡或压接端子等处理

2）屏蔽导线接地端的加工步骤

屏蔽导线接地端的加工步骤见表3－1－2。

表3－1－2　屏蔽导线接地端的加工步骤

序号	实训图片	操作方法
1		按设计要求去掉屏蔽导线外的绝缘层，把剥脱（用镊子将屏蔽铜编织线上拨开一个小孔，弯曲屏蔽层，从小孔中取出导线，俗称屏蔽层抽头，也可根据实际情况进行剥脱）的屏蔽层手工拧成绳状
2		在屏蔽导线引出端处套上热收缩套管并加热（也可以直接在屏蔽层上加锡），用作接地极引出线（引出线的长短可根据实际需要，进行加接增长或剪除截短）
3		屏蔽层内部导线处理：截去线芯外绝缘层，根据实际使用需求可做搪锡或压接端子等处理
4		在屏蔽导线引出端处套上热收缩套管并加热，收缩套紧即可

四、导线的绑扎要求

导线的绑扎要求有以下几点：

（1）扎点整齐、紧锁，将导线扎成整齐、紧靠的束把；

（2）电源的功率线和信号线不要捆在一起；
（3）当有导线分股时，两侧都要有扎线绑扎；
（4）线把有形有序，接扎牢固，线扎固定后将多余的部分割断；
（5）导线绑扎要求布线合理、绑线美观。

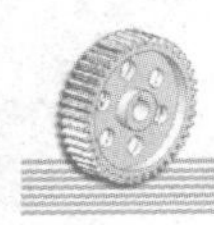

任务实施

（1）将绝缘导线做下料、剥头、捻头、浸锡处理。
（2）将绝缘导线做压接端子处理。
（3）将屏蔽导线做端头处理。

任务总结

（1）在进行绝缘导线加工时，按要求裁剪导线的长度，剥头要符合导线加工要求，捻头时用力不宜过大，搪锡时注意使搪锡表面光滑，无拉尖、毛刺等。

（2）压接叉形插头端子时，端子需压紧，且导线连接必须牢固，不得松动。

（3）在做屏蔽导线端头处理过程中，注意不要伤到线芯。

任务评价

序号	评价项目	评价内容	分值	个人评价	小组评价	教师评价	得分
1	学习准备	资料准备	5				
		小组分工	5				
2	学习过程	正确选择工具	10				
		下料、剥头、捻头、浸锡操作规范	10				
		压接操作规范，且连接处牢固不松动	10				
		屏蔽导线端头不接地端的处理方法正确	10				
		屏蔽导线端头接地端的处理方法正确	10				
		操作熟练程度	10				
3	学习拓展	应变能力	5				
		创新程度	5				
4	学习态度	主动程度	5				
		问题研究	5				
5	安全文明	遵守操作规程	5				
		清理现场	5				

任务 2　导线的连接工艺

任务目标

(1) 熟悉导线连接的作用及操作工艺。

(2) 通过教师演示，学生动手操作，让学生掌握导线连接的技巧。

(3) 通过认识导线的连接和绝缘层的恢复对电气安装的重要性，树立起质量观念和安全意识。

任务分析

在电气安装中，导线连接是电工作业中十分重要的工序。导线连接质量的好坏，直接关系着线路和电气设备能否可靠、安全地运行。因此，本任务的目的是让学生正确、快速地掌握导线的连接工艺和操作技能，重点培养学生的操作技能。

知识准备

一、导线剥削

导线绝缘层的剥削是导线加工的第一步，是为以后导线的连接做准备。剥削绝缘层的方法要正确，若方法不当或操作失误，则很容易在操作中损伤线芯。

对于线芯截面积不大于 4 mm^2 的塑料硬导线绝缘层的剥削，人们一般用钢丝钳；对于线芯截面积大于 4 mm^2 的塑料硬导线，可用电工刀来剥削其绝缘层。

1. 塑料硬导线绝缘层的剥削

(1) 导线端头绝缘层的剥削方法见表 3－2－1。

表 3－2－1　导线端头绝缘层的剥削方法

序号	实训图片	操作方法
1		在需要剥削线头处，用电工刀以 45°角倾斜切入塑料绝缘层，注意刀口不能伤到线芯

续表

序号	实训图片	操作方法
2		刀面与导线保持在25°角左右，用刀向线端推削，只削去上面一层塑料绝缘，不可切入线芯
3		将余下的线头绝缘层向后扳翻，把该绝缘层剥离线芯，再用电工刀切齐

（2）导线中间绝缘层的剥削方法见表3－2－2。

表3－2－2　导线中间绝缘层的剥削方法

序号	实训图片	操作方法
1		按照所需长度在导线端上用电工刀呈45°切入绝缘层
2		用电工刀切去翻折的绝缘层，注意握刀姿势，且不要损伤线芯
3		用电工刀尖挑开绝缘层，并切去其中一端的绝缘层
4		用电工刀切去另一端的绝缘层

2. 塑料软导线绝缘层的剥削

塑料软导线绝缘层用剥线钳或钢丝钳进行剥削操作，一般适用于截面积不大于2.5 mm^2导线线芯的剥削。不可用电工刀剥削，因为塑料软导线太软，线芯又由多股铜丝组成，用电工刀容易伤及线芯。塑料软导线绝缘层的剥削方法见表3－2－3。

表 3－2－3　塑料软导线绝缘层的剥削方法

序号	实训图片	操作方法
1		左手拇指、食指捏紧线头
2		按所需要的长度用剥线钳轻切绝缘层
3		迅速移动剥线钳剥离绝缘层

3. 塑料护套线绝缘层的剥削

塑料护套线绝缘层分为外层的公共护套层和内部每根线芯的绝缘层，塑料护套线绝缘层的剥削方法见表 3－2－4。

表 3－2－4　塑料护套线绝缘层的剥削方法

序号	实训图片	操作方法
1		在线头所需长度处，用电工刀刀尖对准护套线中间线芯缝隙处划开护套层，注意不可切入线芯
2		向后扳翻护套层，用电工刀把它齐根切去
3		将露出的每根线芯绝缘层用电工刀或钢丝钳按照剥削塑料硬导线绝缘层的方法分别操作

4. 橡胶软电缆线的剥削方法

橡胶软电缆线的剥削方法见表 3－2－5。

表 3-2-5　橡胶软电缆线的剥削方法

序号	实训图片	操作方法
1		橡胶电缆线绝缘层外面有一层保护层，用电工刀切开护套层
2		剥开已切开的护套层
3		翻开护套层，并将其切断
4		用剥削塑料绝缘层的方法除去露出线芯的绝缘层

二、导线的连接要求

导线连接的基本要求是：连接牢固可靠，接头美观、电阻小、机械强度高、耐腐蚀、耐氧化、电气绝缘性能好。

当导线不够长或要分接支路时，就需要进行导线与导线间的连接。常用铜导线的线芯有单股、多股连接，连接方法随线芯的股数不同而不同。

1. 单股硬导线的直线连接方法

单股硬导线的直线连接方法见表 3-2-6。

表 3-2-6　单股硬导线的直线连接方法

序号	实训图片	操作方法
1		首先剥去绝缘层，注意不要损伤线芯。接着把两线头的线芯做“X”形相交

续表

序号	实训图片	操作方法
2		将线芯互相紧密缠绕2～3圈，把一端线头扳起，另一端扳下，使线头与线芯垂直
3		将一端线头围绕线芯紧密缠绕6～8圈，扳直，且圈间不要有缝隙
4		将另一端线头围绕线芯紧密缠绕6～8圈，扳直，且圈间不要有缝隙。用钢丝钳剪去多余的线芯，并钳平线芯末端

2. 单股硬导线的分支连接方法

单股硬导线的分支连接方法见表3－2－7。

表3－2－7　单股硬导线的分支连接方法

序号	实训图片	操作方法
1		先将剥削绝缘层的分支线芯与干路线芯十字相交
2		然后按顺时针方向在干路线芯上紧密缠绕6～8圈，且圈间不要有缝隙
3		用钢丝钳切去余下的线芯，并钳平线芯末端，小截面的线芯可以不打结

3. 多股导线的直线连接方法

多股导线的直线连接方法见表 3－2－8。

表 3－2－8　多股导线的直线连接方法

序号	实训图片	操作方法
1	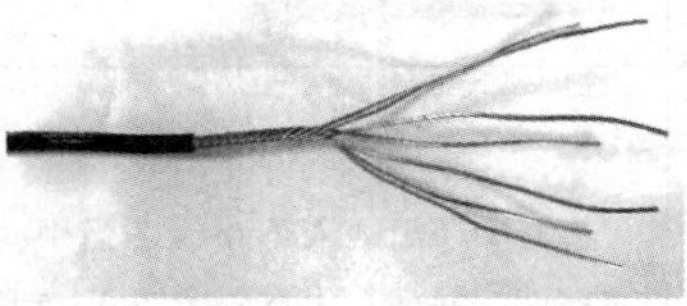	将剥去绝缘层的线芯散开并拉直，把靠近根部的1/3线段的线芯绞紧，然后把余下的2/3线芯头分散成伞形，并把每根线芯拉直
2	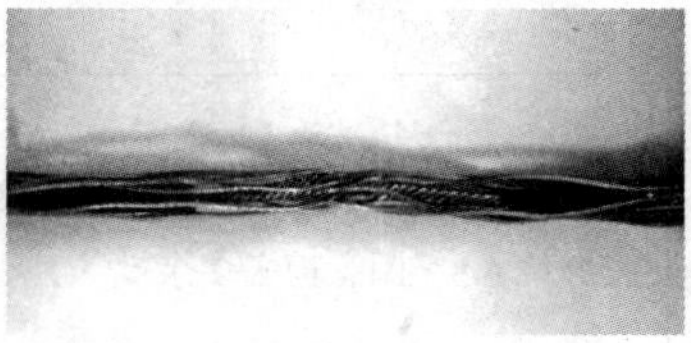	把两个伞形线芯头隔根对叉，必须相对插到底，并拉平两端线芯。同时用钢丝钳钳紧叉口处消除空隙
3	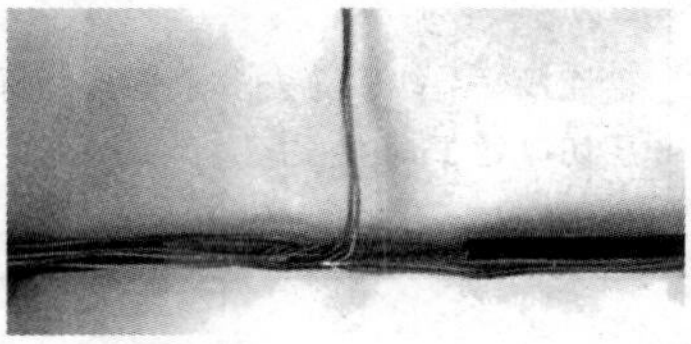	以7股为例，按2、2、3根分成3组，接着把第一组的2根线芯扳起，垂直于线芯并按顺时针方向缠绕
4		缠绕2圈后，将余下的线芯向右扳直，再把下边第二组的2根线芯向上扳直，也按顺时针方向紧紧压着前2根扳直的线芯缠绕
5		缠绕2圈后，将余下的线芯向右扳直，再把下边第三组的3根线芯向上扳直，也按顺时针方向紧紧压着前4根扳直的线芯缠绕
6		缠绕3圈后，切去每组多余的线芯，钳平线端，不留毛刺
7		用同样的方法再缠绕另一端线芯

4. 多股导线的分支连接方法

多股导线的分支连接方法见表 3－2－9。

表 3-2-9　多股导线的分支连接方法

序号	实训图片	操作方法
1		将支路线芯靠近绝缘层的约 1/8 线芯绞合拧紧，与其余 7/8 的线芯分为两组
2		将其中一组插入干路线芯当中，另一组放在干路线芯前面，并朝右边方向缠绕 4~5 圈，剪去多余端
3		同样再将插入干路线芯当中的那一组朝左边方向紧密缠绕 4~5 圈，剪去多余端
4		连接好导线，剪去多余端，使每组线芯绕至离绝缘层切口处 5 mm 左右

三、导线连接处的绝缘处理

为了进行连接，导线连接处的绝缘层已被去除。导线连接完成后，必须对所有绝缘层已被去除的部位进行绝缘处理，以恢复导线的绝缘性能，恢复后的绝缘强度应不低于导线原有的绝缘强度。

图 3-2-1　绝缘胶带的示意图

导线连接处的绝缘处理通常采用绝缘胶带进行缠裹包扎。一般电工常用的绝缘胶带有黄蜡带、涤纶薄膜带、黑胶布、塑料胶带、橡胶胶带等。绝缘胶带的宽度通常为 20 mm，使用较为方便。绝缘胶带因颜色有红、绿、黄、黑色，因此又称为相色带。绝缘胶带的示意图如图 3-2-1 所示。

1. 直线导线接头的绝缘处理

因导线工作的环境、用途、尺寸等的不同，所选的绝缘胶带也会不同，可先用一层黄蜡带，再包缠一层黑胶布；也可用黑胶布或塑料胶带包缠两层。在潮湿场所应使用聚氯乙烯绝缘胶带或涤纶绝缘胶带等。直线导线接头的绝缘处理方法见表 3-2-10。

表 3－2－10　直线导线接头的绝缘处理方法

序号	实训图片	操作方法
1		将绝缘胶带从接头左边绝缘完好的绝缘层上开始包缠，包缠 2 圈后即缠到剥除了绝缘层的线芯部分
2		包缠时胶带应与导线成55°左右倾斜角，每圈压叠带宽的 1/2，直至包缠到接头右边的完好绝缘层处
3		将绝缘胶带沿另一斜叠方向从右向左包缠
4		仍每圈压叠带宽的 1/2，直至包到起始位置

2. 分支导线接头的绝缘处理

分支导线接头绝缘处理的基本方法与直线导线接头绝缘处理相同，沿分支接头的包缠方向走一个 T 字形的来回，使每根导线上都包缠 2 层绝缘胶带，每根导线都应包缠到完好绝缘层的两倍胶带宽度处。分支导线接头的绝缘处理方法见表 3－2－11。

表 3－2－11　分支导线接头的绝缘处理方法

序号	实训图片	操作方法
1		将绝缘胶带从接头左边绝缘完好的绝缘层上开始包缠，包缠 2 圈后即缠到剥除了绝缘层的线芯部分
2		包缠时胶带应与导线成55°左右倾斜角，每圈压叠带宽的 1/2，直至包缠到接头右边的完好绝缘层处

续表

序号	实训图片	操作方法
3		将绝缘胶带沿另一斜叠方向从右向左包缠，直至分支线芯，继续包缠直至接头向下 2 圈距离的完好绝缘层处
4		将绝缘胶带按另一斜叠方向从下向上包缠，仍每圈压叠带宽的 1/2，直至包到绝缘胶带的起始位置

任务实施

（1）剥削橡胶软电缆线的绝缘层。

（2）用 2 根 1.5 mm^2 单股铜芯绝缘导线做直线连接，并进行绝缘恢复。

（3）用 2 根 7 股铜芯绝缘导线做分支连接。

任务总结

（1）在剥削过程中正确选择工具，防止线芯受损。

（2）按照步骤正确连接导线，圈与圈之间不应有缝隙。

（3）处理绝缘层时，根据导线需求选择合适的绝缘层胶带，按照绝缘层处理的步骤进行绝缘恢复。

任务评价

序号	评价项目	评价内容	分值	个人评价	小组评价	教师评价	得分
1	学习准备	资料准备	5				
		小组分工	5				
2	学习过程	正确选择工具	10				
		剥削方法正确	10				
		连接方法正确	10				
		导线缠绕紧密，线芯无损伤	10				

续表

序号	评价项目	评 价 内 容	分值	个人评价	小组评价	教师评价	得分
2	学习过程	绝缘恢复正确（裸露线芯扣 5 分，胶带缠绕稀疏扣 5 分）	10				
		操作熟练程度	10				
3	学习拓展	应变能力	5				
		创新程度	5				
4	学习态度	主动程度	5				
		问题研究	5				
5	安全文明	遵守操作规程	5				
		清理现场	5				

项目四
照明电路安装技术训练

【项目需求】

在日常生活中，我们应该熟知照明、配电等的安装维修，并掌握日常维修技能。本项目通过照明电路的安装与维修的实践训练，使学生掌握电工的基本操作工艺、常用电路的安装及工作原理等。

【项目工作场景】

本项目的教学建议在具有网络资源及三相五线制的实训室进行，实训场地应配有棕垫、导线、灯座、插座、照明灯、熔断器、剥线钳、尖嘴钳、布线木板、开关、线卡、万用表等。

【方案设计】

教师对照明电路安装技术训练进行视频教学，并在现场实训平台上对电工的基本操作工艺、常用电路的安装及工作原理等进行操作演示。

【相关知识和技能】

知识点：

(1) 掌握导线正确可靠的连接方法；

(2) 了解照明电路的原理、构成和接线方法；

(3) 掌握用数字万用表进行测量的方法；

(4) 掌握常见电工工具的使用方法，如剥线钳、验电笔的使用。

技能点：

(1) 电工的基本操作工艺；

(2) 常用电路的安装及工作原理等。

任务1　简单照明电路的安装与调试

任务目标

(1) 掌握简单照明电路的安装安法，并能够熟练使用常用电工工具进行检测与调试。
(2) 通过观察、演示、讨论、训练，让学生学会简单照明电路安装与调试的基本方法。
(3) 培养学生的安全意识和合作意识。

任务分析

家用照明电路贴近生活，容易引起学生的兴趣，学生也往往喜欢问这方面的问题。本任务要求实现“LED照明灯两地控制电路的安装与调试”，要完成此任务，首先应正确绘制LED照明灯两地控制电路图，做到按图施工、按图安装、按图接线，并要熟悉其控制电路的主要元器件，了解其组成及作用。

知识准备

一、LED照明灯

LED即发光二极管，是一种半导体固体发光器件，它是利用固体半导体芯片作为发光材料，在半导体中通过载流子发生复合放出过剩的能量而引起光子发射，直接发出红、黄、蓝、绿色的光，在此基础上，利用三基色原理，添加荧光粉，LED可以发出任意颜色的光。而LED照明灯是指能透光、分配和改变LED光源分布的器具，如图4－1－1所示。

图4－1－1　LED照明灯

二、熔断器

熔断器是指当电流超过规定值时，以本身产生的热量使熔体熔断，从而断开电路的一种电器，它是一种电流保护器。熔断器广泛应用于高低压配电系统和控制系统以及用电设备中，作为短路和过电流的保护器，是应用最普遍的保护器件之一，如图 4－1－2 所示。

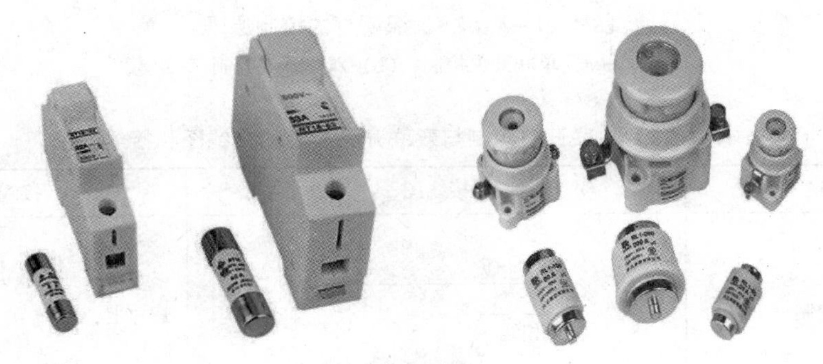

图 4－1－2　常用熔断器

三、单联双控开关

单联双控开关由于其方便快捷，被大量应用在非高压、动力设备的接通或断开控制电路中。单联双控开关无论处于什么状态，总是有一对触点接通而另一对触点断开，如图 4－1－3 所示。

图 4－1－3　单联双控开关

任务实施

一、控制原理

LED 照明灯的控制方式有单联开关控制和双联开关控制两种方式（本部分以双联开关控制 LED 照明灯的安装调试为例），如图 4－1－4 所示。

单联开关控制与双联开关控制的接线图和接线方法见表 4－1－1。

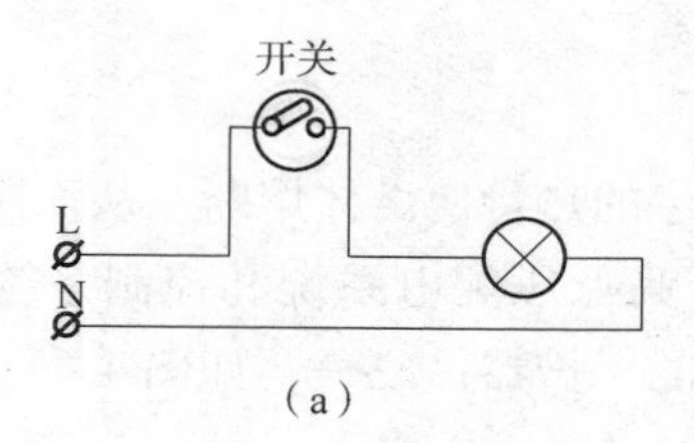

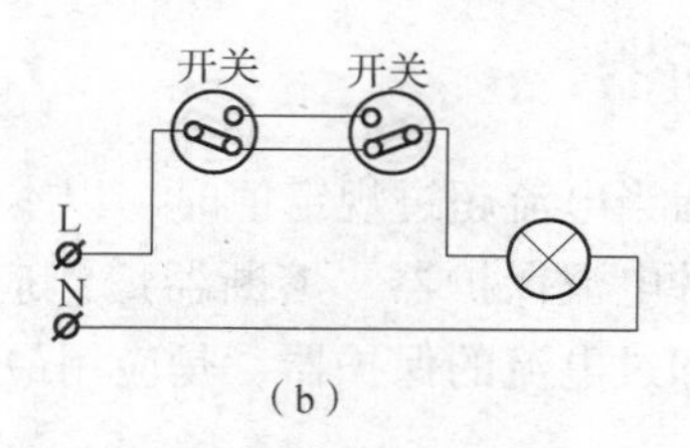

图 4－1－4　LED 照明灯的控制原理

（a）单联开关控制；（b）双联开关控制

表 4－1－1　单联开关控制与双联开关控制的接线图和接线方法

名称用途	接线图	接线方法
一个单联开关控制一个灯	中性线 相线	开关装在相线并接入灯头中心的簧片上，零线接入灯头螺纹口接线柱
两个单联双控开关在两地，控制一个灯	零线 火线 三根线（两火一零）	用于楼梯或走廊两端都能开、关的场合。接线口诀：开关之间 3 条线，零线经过不许断，电源与灯各一边

二、元器件安装及布线

简单照明电路的安装及布线的操作方法见表 4－1－2。

表 4－1－2　简单照明电路的安装及布线的操作方法

序号	实训图片	操作方法	注意事项
1		安装熔断器。将熔断器安装在控制板的左上方，两个熔断器之间要间隔 5～10 cm 的距离	①熔断器下接线座要安装在上，上接线座要安装在下； ②根据安装板的大小和安装元件的多少，离左、上侧 10～20 cm 的距离
2		安装开关接线盒。根据布置图用木螺钉将两个开关接线盒固定在安装板上	两个开关接线盒侧面的圆孔（穿线孔）一个开上、右侧的孔，另一个开上、左侧的孔

续表

序号	实训图片	操作方法	注意事项
3		安装端子排。将接线端子排用木螺钉安装固定在接线板下方	①根据安装任务选取合适的端子排； ②端子排固定要牢固，无缺件，绝缘良好
4		安装熔断器至开关 S1 的导线。将两根导线顶端剥去 2 cm 绝缘层→弯圈→将导线弯直角 Z 形→接入熔断器的两个上接线座上	①剥削导线时不能损伤导线线芯和绝缘层，导线连接时不能反圈； ②导线弯直角时要做到美观，导线走线时要紧贴接线板、横平竖直、平行走线、不交叉
5		开关 S1 面板接线。将来自熔断器的相线接在中间接线座上，再用两根导线接在另两个接线座上	①中间接线座必须接电源进线，另两个接出线，线头需弯折压接； ②开关必须控制相线； ③零线不剪断直接从开关盒引到熔断器
6		固定开关 S1 面板。将接好线的开关 S1 面板安装固定在开关接线盒上	①固定开关面板前，应先将 3 根出线穿出接线盒右边的孔； ②固定开关面板时，其内部的接线头不能松动，同时捋直两根电源进线
7		安装两个开关盒之间的导线。将来自开关 S1 的两根相线和一根零线引至开关 S2 的接线盒中	①走线要美观，要节约导线； ②两个开关盒之间有 3 根导线； ③零线不剪断直接从开关 S2 接线盒引到开关 S1 接线盒中

续表

序号	实训图片	操作方法	注意事项
8		开关 S2 面板接线。将来自开关 S1 接线盒的两根相线接在左右两边两个接线座上，再用一根导线接在中间一个接线座上	①左右两边两个接线座必须接电源进线，中间一个接出线，线头需弯折压接； ②开关必须控制相线； ③零线不剪断直接从开关盒引到熔断器
9		固定开关 S2 面板。将接好线的开关 S2 面板安装固定在开关接线盒上	①固定开关面板前，应先将两根出线穿出接线盒上边的孔； ②固定开关面板时，其内部的接线头不能松动，同时理顺捋直两开关之间的 3 根导线
10		安装圆木。将来自开关 S2 接线盒的两根导线穿入圆木事先钻好的两孔中一定的长度，然后将圆木固定在接线板上	①安装圆木前先在圆木的任一边缘开一 2 cm 的口，在圆木中间钻一孔，以便固定； ②固定圆木的木螺钉不能太大，以免撑坏圆木
11		安装螺口平灯座。将穿过圆木的两根导线从平灯座底部穿入，再连接在灯座的接线座上，然后将灯座固定在圆木上，最后旋上胶木外盖	①连通螺纹圈的接线座必须与电源的中性线（零线）连接； ②中心簧片的接线座必须与来自开关 S2 的一根线（开关线）连接； ③接线前应绷紧拉直外部导线
12		安装端子排至熔断器导线。截取两根一定长度的导线，将导线理顺拉直，一端弯直角接在熔断器下接线座上，另一端与端子排连接	①接线前应绷紧拉直导线； ②导线弯直角时要做到美观，导线走线时要紧贴接线板、横平竖直、平行走线、不交叉； ③导线连接时要牢固，不反圈

三、电路检查调试

电路检查调试的方法见表4－1－3。

表4－1－3　电路检查调试的方法

序号	实训图片	操作方法	注意事项
1		目测检查。根据电路图或接线图从电源开始看线路有无漏接、错接	①检查时要断开电源； ②要检查导线接点是否符合要求、压接是否牢固； ③要注意接点接触是否良好； ④要用合适的电阻挡位进行检查，并进行“调零”； ⑤检查时可用手按下开关
2	① ②	万用表检查。用万用表电阻挡检查电路有无开路、短路情况。装上灯泡，万用表两表笔搭接熔断器两出线端，按下任一开关指针应指向“0”，再按一下开关指针应指向“∞”	

四、两地控制照明电路的常见故障及检修方法

两地控制照明电路的常见故障及检修方法见表4－1－4。

表4－1－4　两地控制照明电路的常见故障及检修方法

故障现象	产生原因	检修方法
按下任一开关，灯泡都不亮	电源熔断器的熔丝烧断	检查熔丝烧断的原因并更换同规格熔丝
	灯座或开关接线松动或接触不良	检查灯座和开关的接线处并修复
	线路中有断路故障	用万用表检查线路的断路处并修复
	接线错误	用万用表检查线路的通断情况
灯泡忽亮忽灭	灯座或开关接线松动	检查灯座和开关并修复
	灯座或开关接线松动	检查灯座和开关并修复
	熔断器熔丝接触不良	检查熔断器并修复
	电源电压不稳	检查电源电压不稳定的原因并修复
按下任一开关，灯有时亮有时不亮	灯座或开关接线松动或接触不良	检查灯座和开关的接线处并修复
	两开关之间的两根线有一根断线	用万用表检查线路的通断情况，并更换
	相线或到灯泡的进线有一处未接开关中间接线座	检查两开关的接线情况并修复
灯长亮	接线错误	检查两开关的接线情况并修复

任务总结

（1）应先根据元件布置图将各元器件在接线板上进行安排布置并摆放整齐，然后进行划线、钻孔，逐个安装固定。元器件固定的方法有：对角固定、四角固定、螺钉固定、螺栓固定等。固定时要用手压住元器件，防止其滑动。

（2）安装照明电路必须遵循的总的原则：火线必须进开关；开关、灯具要串联；照明电路间要并联。

任务评价

序号	评价项目	评价内容	分值	个人评价	小组评价	教师评价	得分
1	元件检查	电器元件是否漏检或错检	5				
2	安装元件	不按布置图安装	5				
		元件安装不牢固	3				
		元件安装不整齐、不合理、不美观	2				
		损坏元件	5				
3	布线	不按电路图接线	10				
		布线不符合要求	5				
		接点松动、露铜过长、反圈	5				
		损伤导线绝缘或线芯	5				
		中性线是否经过开关	5				
		开关是否控制相线	10				
4	通电试灯	按下开关熔体熔断	15				
		按下任一开关灯均不亮	10				
		一开关受控制，另一开关不受控制	5				
5	安全规范	是否穿绝缘鞋	5				
		操作是否规范安全	5				
总分			100				

项目五 三相异步电动机控制电路的安装训练

【项目需求】

在生产实践中，各种生产机械的工作性质和加工工艺是不同的，这使得它们对电动机的控制要求不同，如机床工作台的前进与后退、万能铣床主轴的正转与反转、起重机的上升与下降等。这些功能都是通过不同的控制电路控制三相异步电动机的运转而实现的，而电力拖动控制线路是作为一名电气安装与维修人员必须掌握的技能知识。

【项目工作场景】

本项目的教学建议在具有网络资源及三相五线制的实训室进行，实训场地应配有电工模拟工作台、绝缘橡胶垫、模拟网格接线板、低压断路器、熔断器、交流接触器、热继电器、鼠笼式三相异步电动机等。

【方案设计】

教师在课前安排学生去了解生产生活中用到电动机的场景及电动机是如何运转的；在课堂上让同学分享自己收集的资料并猜想如何才能通过控制电路来控制电动机运转。教师通过分析学生的猜想引入本次项目，展示电路原理图并分析工作原理，提醒学生有哪些注意事项，安排学生进行实际线路的接线，在学生自查和教师验收合格后方能在教师指导下进行通电试验。

【相关知识和技能】

知识点：

（1）元器件的构造和工作原理；

（2）三相异步电动机正转控制电路原理图的工作原理；

（3）三相异步电动机正反转控制电路原理图的工作原理；

（4）安全注意事项。

技能点：

（1）元器件之间的整体布置；

（2）三相异步电动机正转与正反转控制电路的正确接线；

（3）故障点的检查与维修。

任务1　三相异步电动机的正转控制电路的安装与调试

任务目标

(1) 掌握交流接触器及热继电器的结构和工作原理，掌握三相异步电动机正转控制电路的设计思路和工作原理。

(2) 熟练掌握三相异步电动机正转控制电路的安装方法及工艺。

(3) 增强学生发现问题、认识问题、解决问题的能力，培养学生严谨认真的职业工作态度。

任务分析

生产机械一般都是由电动机拖动的，也就是说生产机械的动作都是通过电动机的运动实现的。因此，控制电动机即间接地实现了对生产机械的控制。生产机械在正常生产时，需要连续运行，但是在试车或者进行调整工作时，往往需要点动控制实现短时运行。本任务将学习手动、点动及连续正转控制电路的安装与调试。

知识准备

一、元器件的结构与工作原理

1. 低压断路器

1）结构

低压断路器由触头系统、灭弧装置、操作机构、热脱扣器、电磁脱扣器及绝缘外壳等部分组成，其外形和符号如图 5－1－1 所示。

2）工作原理

自动空气开关的 3 对主触点串接在被保护的三相电路中，当按下接通（绿色）按钮时，外力使锁扣克服主弹簧的反作用力，将固定在锁扣上面的动触点和静触点闭合，且锁扣钩住搭钩使动、静触点保持闭合，开关处于接通状态。

当线路发生短路故障时，流过电磁脱扣器线圈的短路电流产生足够大的电磁力将衔铁吸合，从而向上撞击杠杆，推动搭钩与锁扣分开，动、静触点分离，将电源与负载分断，这样

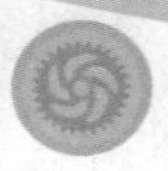

就实现了短路保护。

当线路发生过载时，过载电流流过热元件产生热量，当热量达到一定程度时双金属片受热向上弯曲，通过杠杆推动搭钩与锁扣分开，在主弹簧的作用力下，动、静触点分离，达到过载保护的目的。具有过载保护和短路保护的电路符号如图 5－1－1（c）所示。

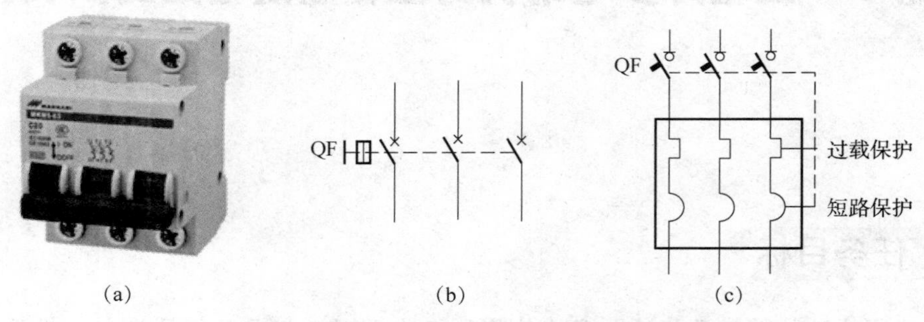

图 5－1－1　低压断路器的外形和符号

（a）外形；（b）通用电路符号；（c）具有过载和短路保护的电路符号

3）型号含义

低压断路器的型号含义如图 5－1－2 所示。

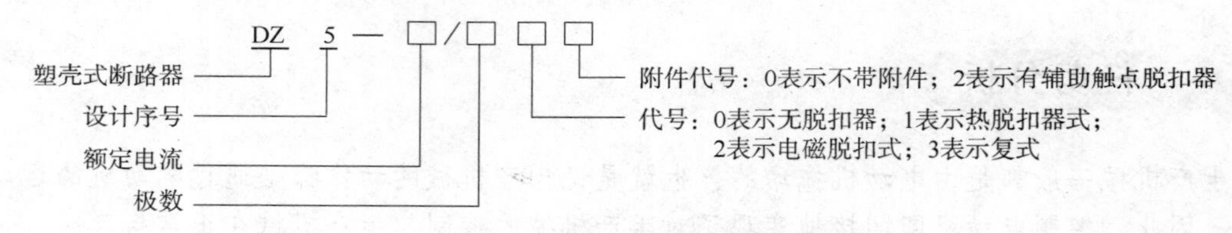

图 5－1－2　低压断路器的型号含义

2. 电源隔离开关

电源隔离开关是一种结构比较简单的开关器件，其使用量大、操作频繁，是电力系统中重要的开关器件之一。电源隔离开关由操动机构驱动本体刀闸进行分合，分闸后形成明显的电路断开点，其外形与符号如图 5－1－3 所示。

图 5－1－3　电源隔离开关的外形与符号

（a）外形；（b）符号

3. 低压熔断器

低压熔断器是低压配电系统和电力拖动系统中的保护器件，使用时，低压熔断器串联在被保护电路中，当该电路发生过载或短路故障，通过低压熔断器的电流达到或超过了某一规

定值时，其自身产生的热量使熔体熔断而自动切断电路，起到保护作用。电气设备的电流保护有过载延时保护和短路瞬时保护两种主要形式。

1）结构

低压熔断器主要由熔体、安装熔体的熔管和熔座3部分组成，其外形如图5－1－4所示。

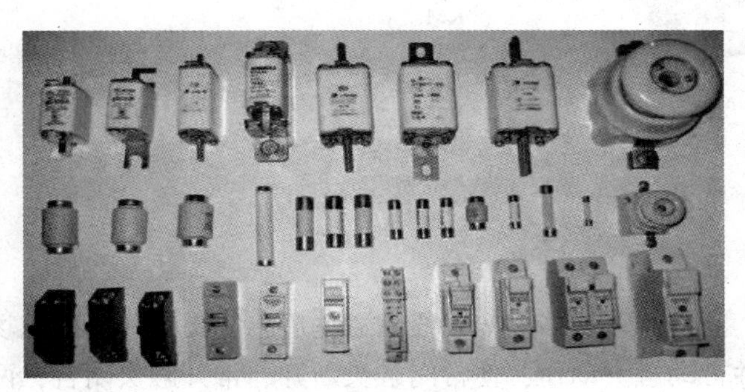

图5－1－4　低压熔断器的外形

熔体是熔断器的核心，常做成丝状、片状或栅状，制作熔体的材料一般有铅锡合金、锌、铜、银等，根据保护的要求而定。熔管是熔体的保护外壳，用耐热绝缘材料制成，在熔体熔断时兼有灭弧作用。熔座是熔断器的底座，作用是固定熔管和外接引线。

2）型号含义

低压熔断器的型号含义如图5－1－5所示。

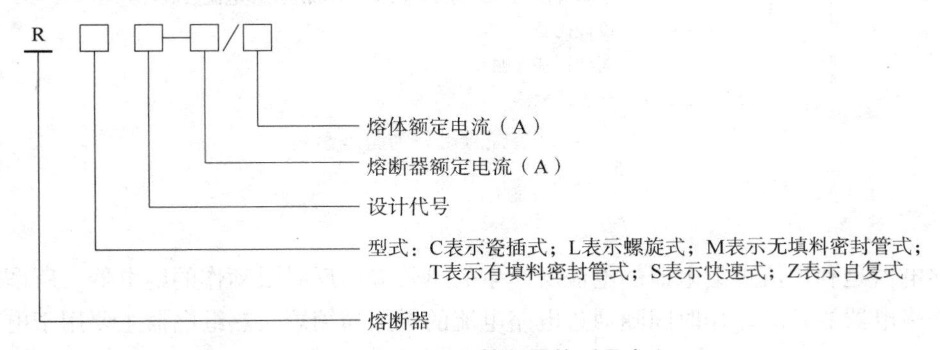

图5－1－5　低压熔断器的型号含义

3）熔断器的额定电压和额定电流

熔断器的额定电压必须大于或等于线路的额定电压；熔断器的额定电流必须大于或等于所装熔体的额定电流；熔断器的分断能力应大于电路中可能出现的最大短路电流。

4. 交流接触器

1）结构

交流接触器主要由触头系统、电磁系统、灭弧系统等组成，其中触头系统由主触头、辅助触头、常开触头（动合触头）、常闭触头（动断触头）组成；电磁系统由动、静铁芯，吸引线圈和反作用弹簧组成；灭弧系统由灭弧罩及灭弧栅片组成。交流接触器的外形及符号如图5－1－6所示。

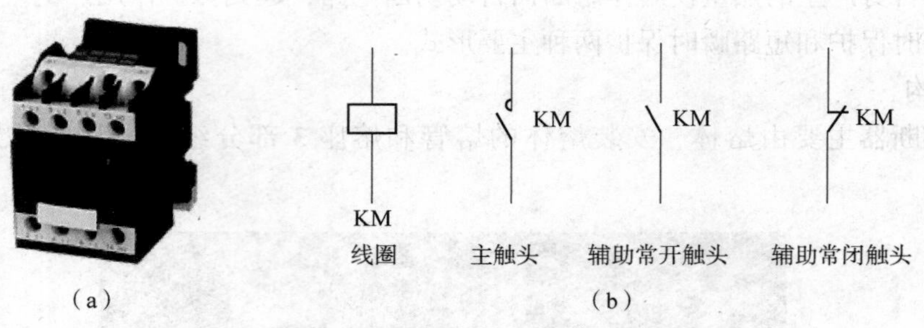

图5-1-6　交流接触器的外形和符号

(a) 外形；(b) 符号

2）工作原理

根据电磁理论，当交流接触器的电磁线圈通电后，线圈电流产生磁场，使静铁芯产生电磁吸力吸引衔铁，并带动触头动作，使常闭触头断开、常开触头闭合，两者是联动的。当电磁线圈断电时，电磁力消失，衔铁在释放弹簧的作用下释放，使触头复原，即常开触头断开、常闭触头闭合。

3）型号含义

交流接触器的型号含义如图5-1-7所示。

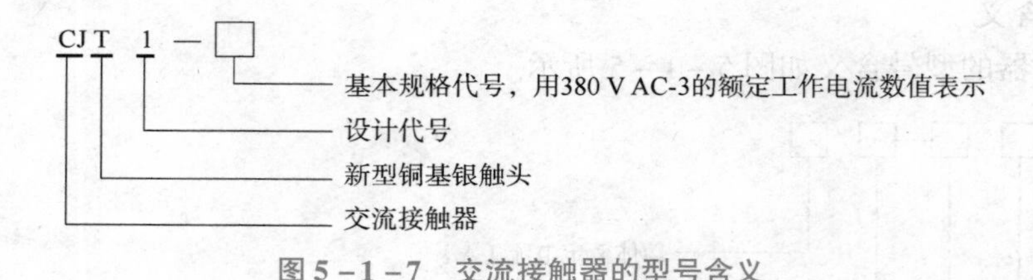

图5-1-7　交流接触器的型号含义

5. 热继电器

热继电器是利用流过继电器的电流所产生的热效应而反时限动作的继电器。所谓反时限动作，是指电器的延时动作时间随通过电路电流的增加而缩短。热继电器主要用于电动机的过载保护、断相保护、电流不平衡运行的保护及其他电气设备发热状态的控制。

1）结构

热继电器主要由热元件、动作机构、触头系统、电流整定装置、复位机构和温度补偿元件等组成。

热继电器的使用：将热继电器的三相热元件分别串联在电动机的三相主电路中，常闭触头串联在控制电路的交流接触器线圈回路中。热继电器的外形和符号如图5-1-8所示。

2）型号含义

热继电器的型号含义如图5-1-9所示。

二、三相异步电动机点动与自锁混合控制电路

三相异步电动机点动与自锁混合控制电路如图5-1-10所示。

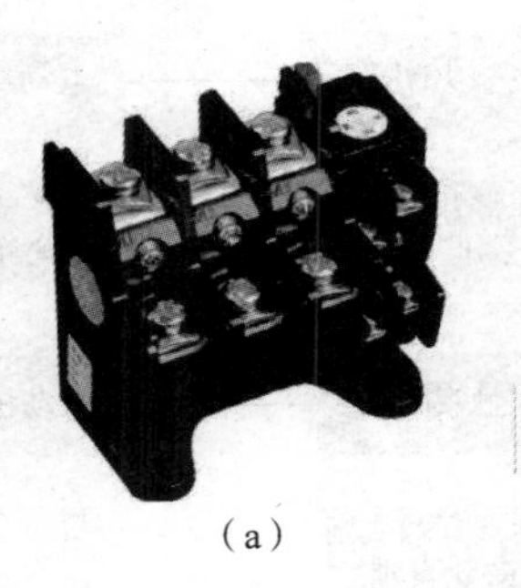

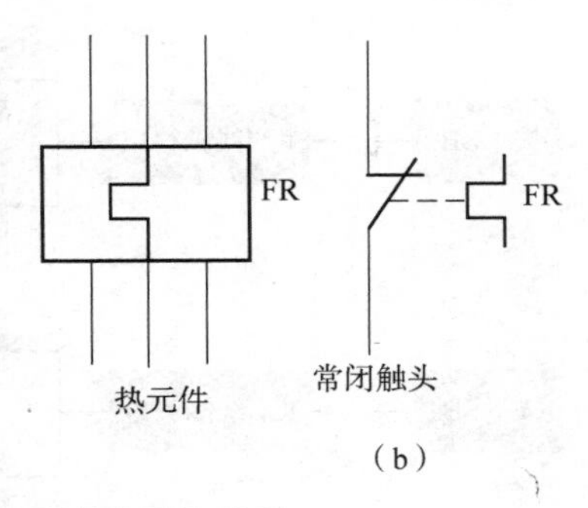

（a）　　　　（b）

图 5－1－8　热继电器的外形和符号

（a）外形；（b）符号

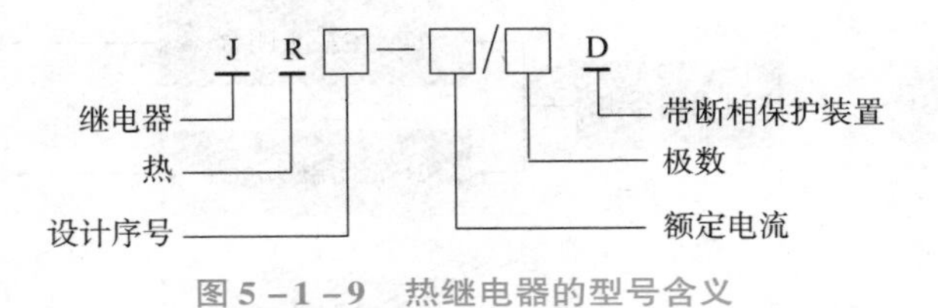

图 5－1－9　热继电器的型号含义

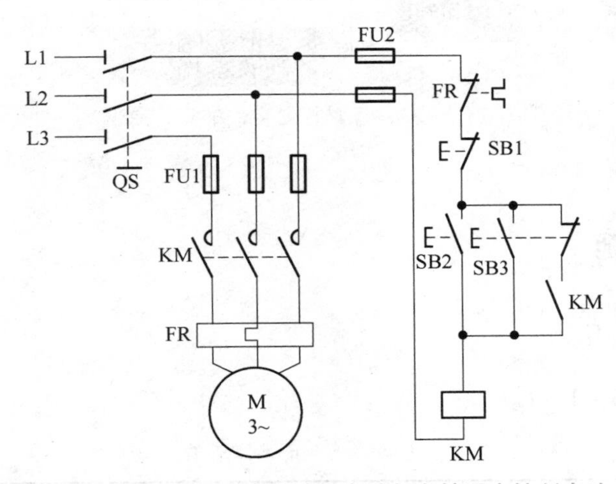

图 5－1－10　三相异步电动机点动与自锁混合控制电路

三、工作原理分析

首先合上电源开关 QS。

1. 连续控制

连续控制电路的工作原理如图 5－1－11 所示。

2. 点动控制

点动控制电路的工作原理如图 5－1－12 所示。

电动机停止后，断开电源开关 QS。

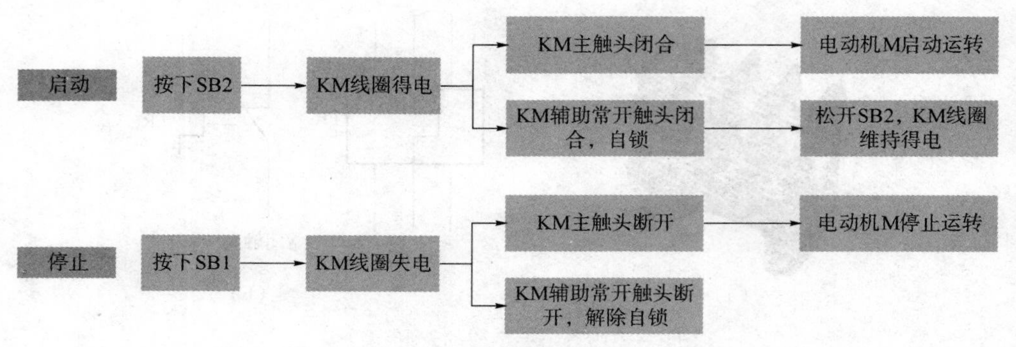

图 5-1-11　连续控制电路的工作原理

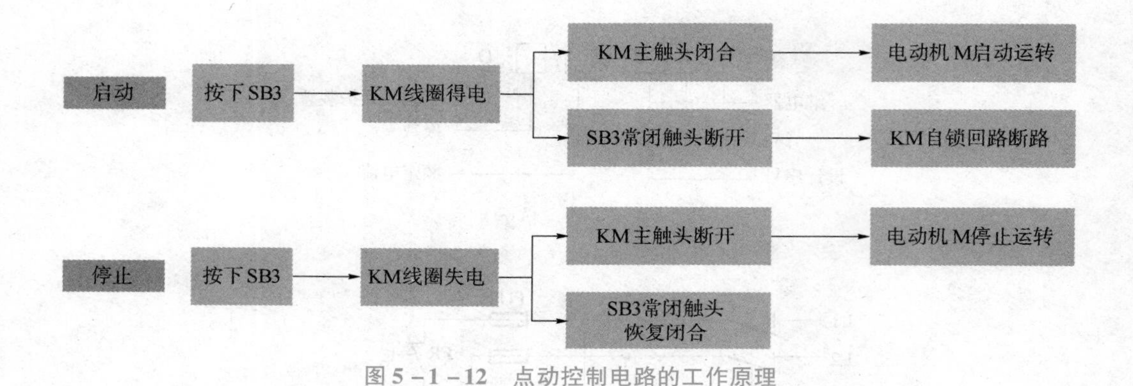

图 5-1-12　点动控制电路的工作原理

任务实施

一、元器件清单

元器件清单见表 5-1-1。

表 5-1-1　元器件清单

代号	名称	型号	规格	数量
M	三相异步电动机	Y112M-4	4 kW，380 V，△接法，8.8 A，1 440 r/min	1
QS	组合开关	HZ10-25/3	三极，额定电流 25 A	1
FU1	熔断器	RL1-60/25	500 V，60 A，配熔体额定电流 25 A	3
FU2	熔断器	RL1-15/2	500 V，15 A，配熔体额定电流 2 A	2
FR	热继电器	JR16-20/3	三极，20 A，整定电流 8.8 A	1
KM	交流接触器	CJ10-20	20 A，线圈电压 380 V	1
SB	按钮	LA10-3H	保护式，按钮数 3（代用）	3

二、任务实施步骤及工艺要求

1. 任务实施步骤

任务实施步骤如图 5－1－13 所示。

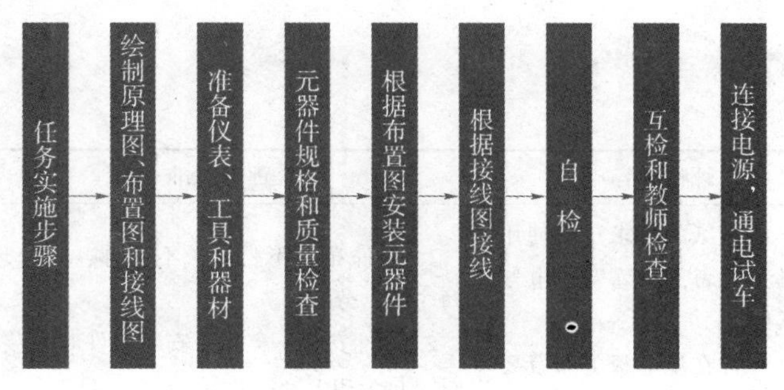

图 5－1－13　任务实施步骤

2. 工艺要求

该任务具有以下几点工艺要求。

(1) 认真执行安全操作规程规定，一人监护，一人操作。

(2) 试车前，检查与通电试车有关的电气设备是否有不安全的因素存在，若查出应立即整改，然后试车。

(3) 通电试车前必须征得教师的同意，并由指导教师接通三相电源 L1、L2、L3，同时在现场监护。

(4) 合上电源开关 QS 后，用验电笔检查开启式负荷开关的上端头，氖管亮说明电源接通。

(5) 合上开启式负荷开关后观察电动机运行情况是否正常，但不得对电路接线是否正确进行带电检查。

(6) 观察过程中若发现有异常现象，应立即停车，当电动机运转平稳后，用钳形电流表测量三相电流是否平衡。

三、注意事项

操作过程中的注意事项如下：

(1) 连接电气设备时，用力要适当，防止损坏；

(2) 导线应尽量避免交叉，且长短适宜；

(3) 主电路用红色导线，控制电路用蓝色导线；

(4) 接线时先接负载端后接电源端，先接接地端后接三相电源相线；

(5) 不得擅自接通电源，应在电路安装完并检查无误后，再在教师的指导下通电。

任务总结

同学们在本次实训任务结束后，应该初步认识了交流接触器、低压断路器与熔断器的结构和工作原理，基本掌握了三相异步电动机正转的设计思路和基本原理，同时，大家应该学

会举一反三，对于其他的三相异步电动机的控制原理图也应该会识图接线和分析工作原理。在接线的过程中，要谨记对工作原理错误的认识和不当的接线，在以后的操作过程中不要再出现同样的错误，要有一种认真的工作态度。实训的过程也是大家互相合作、互相学习、互相帮助的过程，要善于发现问题，不断地攻克难点，养成良好的学习习惯。

任务评价

<table>
<tr><th>序号</th><th>评价项目</th><th>评价内容</th><th colspan="2">评分标准</th><th>分值</th><th>扣分</th><th>得分</th></tr>
<tr><td>1</td><td>元件安装</td><td>1. 按图纸的要求正确使用工具和仪表，熟练安装电气元器件；
2. 元件在配电板上布置要合理，安装要准确、紧固；
3. 按钮盒不固定在板上</td><td colspan="2">1. 元件布置不整齐、不匀称、不合理，每个扣1分；
2. 元件安装不牢固、安装元件时漏装螺钉，每个扣1分；
3. 损坏元件，每个扣2分</td><td>30</td><td></td><td></td></tr>
<tr><td>2</td><td>布线</td><td>1. 布线要求横平竖直，接线紧固美观；
2. 电源和电动机配线、按钮接线要接到端子排上，要注明引出端子标号；
3. 导线不能乱线敷设</td><td colspan="2">1. 电动机运行正常，但未按电路图接线，扣1分；
2. 布线不横平竖直，主、控制电路，每根扣1分；
3. 接点松动、接头露铜过长、反圈、压绝缘层，标记线号不清楚、遗漏或误标，每处扣1分；
4. 损伤导线绝缘或线芯，每根扣1分；
5. 导线乱线敷设扣10分</td><td>30</td><td></td><td></td></tr>
<tr><td>3</td><td>通电试验</td><td>在保证人身和设备安全的前提下，通电试验一次成功</td><td colspan="2">1. 热继电器整定值错误扣5分；
2. 主、控电路配错熔体，每个扣5分；
3. 一次试车不成功扣10分；二次试车不成功扣10分；三次试车不成功扣10分</td><td>40</td><td></td><td></td></tr>
<tr><td rowspan="2">备注</td><td rowspan="2" colspan="2"></td><td colspan="2">合计</td><td></td><td></td><td></td></tr>
<tr><td>实训指导教师签字</td><td colspan="4">年　　月　　日</td></tr>
</table>

任务 2　三相异步电动机正反转控制电路的安装与检测

任务目标

(1) 掌握正反转控制电路的工作原理和电路特点。
(2) 能按照电气工艺要求安装各电器元件并进行配线、接线。
(3) 能完成通电试车前的自检以及通电调试，对线路故障进行分析并解决故障。

任务分析

在实际生产过程中，常见的机械运动有很多，如卷帘门的上下开启和关闭、起重机的上下运动、机床工作台的左右运动、车床主轴的正转与反转。这些运动部件能向正反两个方向运动，这就要求电动机能实现正反转控制。

知识准备

由三相异步电动机的工作原理可知，当改变通入电动机定子绕组的三相电源的相序，即把接入电动机三相电源进线中的任意两相接线对调时，就可以改变电动机的转动方向。在控制电路中需要用两个接触器来实现这一要求，当正转接触器工作时，电动机正转；当反转接触器工作时，将电动机接到电源的任意两根相线对调，电动机反转。本任务图 5－2－1 所示控制电路采用两个接触器，即正转用的接触器 KM1 和反转用的接触器 KM2，它们分别由正转按钮 SB2 和反转按钮 SB3 控制。这两个接触器的主触头所接通的电源相序不同，KM1 按 L1—L2—L3 相序接线，KM2 则按 L3—L2—L1 相序接线。相应地有两条控制电路，一条是由按钮 SB2 和 KM1 线圈等组成的正转控制电路，另一条是由按钮 SB3 和 KM2 线圈等组成的反转控制电路。

下面介绍几种常用的正反转控制电路。

一、按钮联锁的正反转控制电路

按钮联锁是指将复合按钮的常闭触点串联在另一个交流接触器的线圈支路中，当按下正转按钮 SB2 时，接在反转电路中的 SB2 常闭触头先断开，接触器 KM2 断电，KM2 主触头断开，电动机 M 断电；稍后正转按钮 SB2 的常开触头闭合，使接触器 KM1 通电，KM1 主触头

闭合，电动机 M 正转启动。这样一方面保证了 KM1 和 KM2 不同时通电，又可不按 SB1 而直接启动正转按钮 SB2，操作方便。按钮联锁正反转控制电路如图 5－2－1 所示。

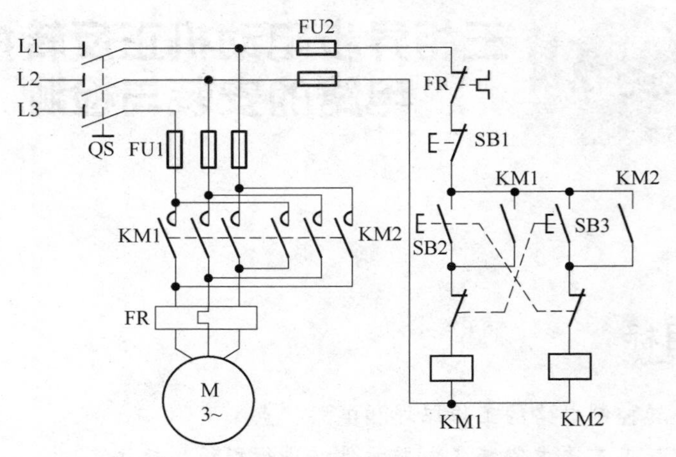

图 5－2－1　按钮联锁正反转控制电路

电路运行分为正转控制、反转控制和停止三种状态。电路运行前应首先合上电源开关 QS。

1. 正转控制

按钮联锁正转控制电路工作原理如图 5－2－2 所示。

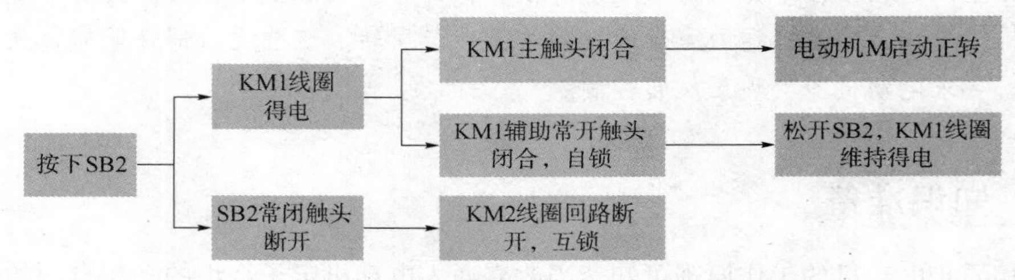

图 5－2－2　按钮联锁正转控制电路工作原理

2. 反转控制（正转状态下）

按钮联锁反转控制电路工作原理如图 5－2－3 所示。

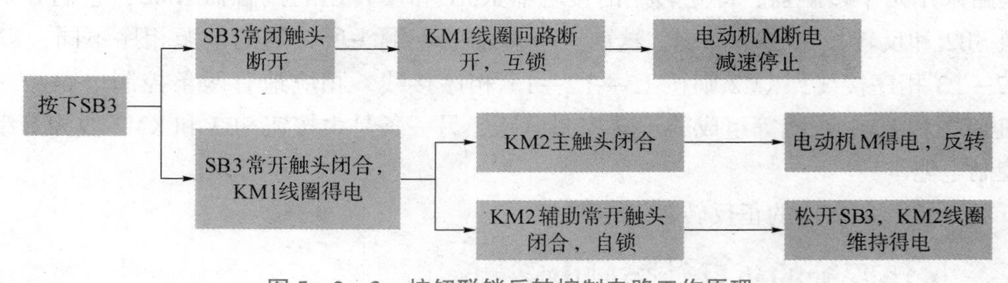

图 5－2－3　按钮联锁反转控制电路工作原理

3. 停止

按钮联锁控制电路电动机停止的原理如图 5－2－4 所示。

图 5－2－4　按钮锁控制电路电动机停止原理

电动机停止后，断开电源开关 QS。

按钮联锁控制电路连接相对简单，操作方便，可以在不按下停止按钮的情况下实现电动机的迅速反转。但此电气控制方式存在安全隐患，不可靠。原因是当第一个交流接触器断电后，如果发生动铁芯被卡阻、主触头熔焊等故障时，触头不能复位，而此时另一个交流接触器通电后会造成严重的短路事故。因此，在实际生产过程中不单独采用按钮联锁的正反转控制方式。

二、接触器联锁的正反转控制电路

接触器联锁就是将交流接触器的常闭触头串联在另一个交流接触器的线圈支路中。当一个接触器通电动作时，通过其常闭辅助触头使另一个接触器不能通电动作，以避免两个接触器 KM1 和 KM2 同时通电动作，造成两相电源（L1 相和 L3 相）短路事故，图 5－2－5 所示为接触器联锁正反转控制电路。

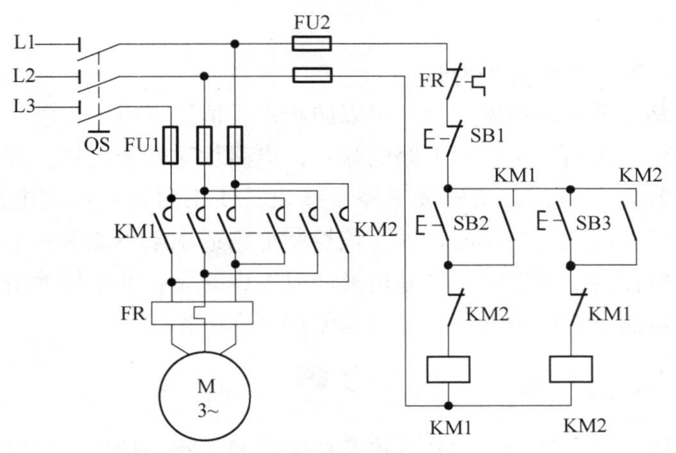

图 5－2－5　接触器联锁正反转控制电路

接触器联锁正反转控制电路的工作原理如下，首先应合上电源开关 QS。

1. 正转控制

接触器联锁正转控制电路工作原理如图 5－2－6 所示。

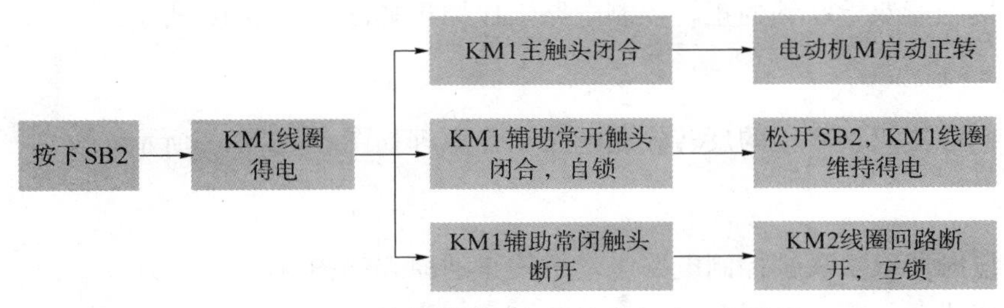

图 5－2－6　接触器联锁正转控制电路工作原理

2. 反转控制

接触器联锁反转控制电路工作原理如图 5－2－7 所示。

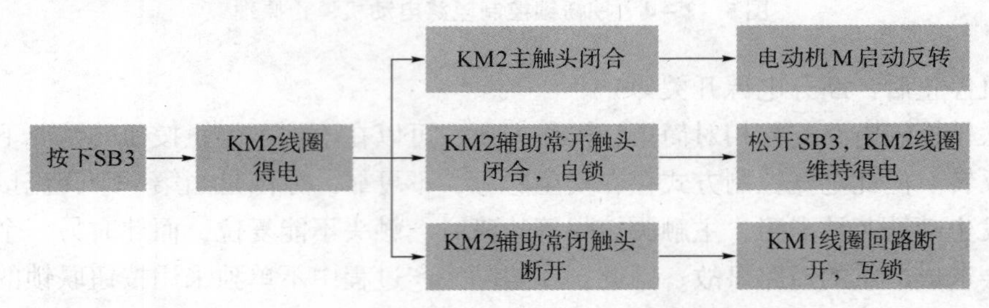

图 5－2－7 接触器联锁反转控制电路工作原理

3. 停止

接触器联锁控制电路电动机停止原理如图 5－2－8 所示。

图 5－2－8 接触器联锁控制电路电动机停止原理

电动机停止后，断开电源开关 QS。

接触器联锁电路是单联锁控制电路，可以防止由于衔铁卡阻、主触头熔焊等原因而造成电源短路事故，避免了按钮联锁控制电路的缺点，电路相对安全可靠，但是操作不方便。如果要改变电动机的旋转方向，必须先按下停止按钮，使正向转动控制电路断开，电动机停转，才能按反转按钮，使电动机反向转动。该控制电路适用于不能由一个转向立即变换为另一个转向的重载机械设备，可以减少电动机换向时对生产设备的机械冲击和电动机绕组受到的反接冲击电流，从而发挥保护设备、延长其使用寿命的作用。

三、按钮－接触器双重联锁正反转控制电路

按钮－接触器双重联锁正反转控制电路是按钮联锁电路和接触器联锁电路的组合，双重联锁保护电路中的一重是指交流接触器常闭触头与另一个交流接触器线圈串联而构成的联锁，另一重是指复合按钮常闭触头串联在对方电路当中构成的联锁，如图 5－2－9 所示。

按钮－接触器双重联锁正反转控制电路的工作原理如下。首先应合上电源开关 QS。

1. 正转控制

按钮－接触器双重联锁的正转控制电路工作原理如图 5－2－10 所示。

2. 反转控制

按钮－接触器双重联锁的反转控制电路工作原理如图 5－2－11 所示。

3. 停止

按钮－接触器双重联锁控制电路电动机停止的原理如图 5－2－12 所示。

电动机停止后，断开电源开关 QS。

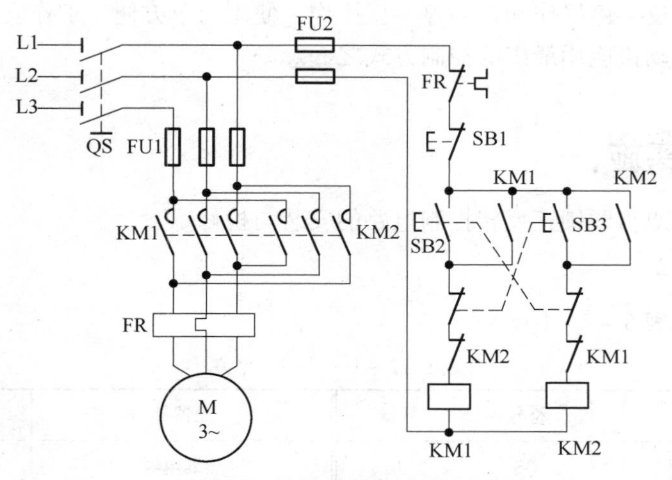

图 5－2－9　按钮－接触器双重联锁正反转控制电路

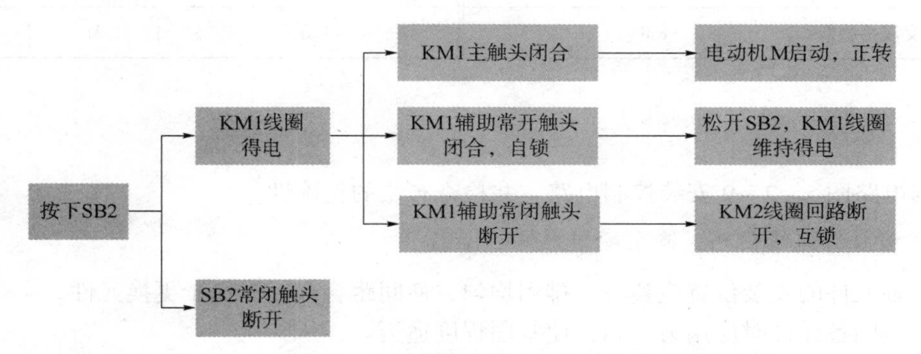

图 5－2－10　按钮－接触器双重联锁正转控制电路工作原理

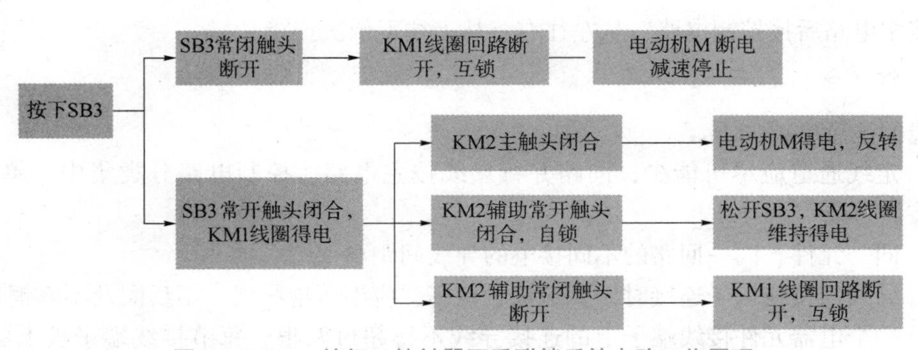

图 5－2－11　按钮－接触器双重联锁反转电路工作原理

图 5－2－12　按钮－接触器双重联锁控制电路电动机停止原理

按钮－接触器双重联锁控制电路综合了按钮联锁电路和接触器联锁电路控制的优点，既消除了按钮联锁控制电路存在的相间短路，又克服了接触器联锁控制电路操作不方便的缺

点，可以实现正—反—停操作和正—停—反操作，使用简单方便，工作安全可靠。该控制电路是目前中小型电动机应用最广的控制方式之一。

任务实施

按钮－接触器双重联锁正反转控制电路的安装与检修。

一、元器件清单

元器件清单见表 5－2－1。

表 5－2－1　元器件清单

元器件	符号	数量	元器件	符号	数量
低压断路器	QS	1	热继电器	FR	1
熔断器	FU	5	按钮	SB	3
交流接触器	KM	2	电动机	M	1

二、安装电路

根据电路图 5－2－9 安装控制电路，并检查布线的正确性。

1. 检查元件是否合格，固定电气元件的位置

（1）各元件的安装位置应整齐、排列均匀，使间距合理，以便于更换元件。

（2）紧固各元件时应用力均匀，使紧固程度适当。

2. 接线顺序

先接主电路后接控制电路，从左往右、从上往下依次连接。

3. 接线工艺

接线的注意事项如下。

（1）走线通道应尽可能少，同路并行导线按主电路、控制电路分类集中，单层密排，紧贴安装面布线。

（2）同一元件、同一回路的不同接电的导线间距离保持一致。

（3）导线与接线端子连接时，要求接触良好，应不压绝缘层、不反圈及不露铜过长。

（4）一个电器元件接线端子上的连接导线不得超过两根，每节接线端子板上的连接导线一般只允许连接一根。

（5）布线时应横平竖直、分布均匀，严禁损伤导线芯和导线绝缘层。

（6）线槽进线、出线要直。

三、检修步骤

1. 主电路的检查

选用万用表的电阻挡 ×100 挡或 ×1 k 挡，将万用表的表笔分别置于 QS 下出线柱两端，

具体按表 5－2－2 的操作步骤进行测量，并做好分析记录。

表 5－2－2　主电路检测步骤

测量点	步骤	正确读数	实际读数	故障原因
QS 下端的 U－V 的电阻	无操作	无穷大		
	按下 KM1	电动机绕组的电阻值		
	按下 KM2	电动机绕组的电阻值		
QS 下端的 U－W 的电阻	无操作	无穷大		
	按下 KM1	电动机绕组的电阻值		
	按下 KM2	电动机绕组的电阻值		
QS 下端的 V－W 的电阻	无操作	无穷大		
	按下 KM1	电动机绕组的电阻值		
	按下 KM2	电动机绕组的电阻值		

2. 控制电路检查

将万用表的表笔分别置于熔断器 FU2 上进线柱两端，具体按表 5－2－3 的操作步骤进行测量，并做好分析记录。

表 5－2－3　控制电路检测步骤表

测量点	步骤	正确读数	实际读数	故障原因
FU2 上进线柱两端	无操作	无穷大		
	按下 SB2	KM1 线圈的电阻值		
	同时再按下 SB3	无穷大		
	按下 KM1 测试按键	KM1 线圈的电阻值		
	同时再按下 SB3	无穷大		
	按下 SB3	KM2 线圈的电阻值		
	同时再按下 SB2	无穷大		
	按下 KM2 测试按键	KM2 线圈的电阻值		
	同时再按下 SB2	无穷大		
	同时按下 KM1、KM2 测试按键	无穷大		

任务总结

按钮联锁正反转控制电路操作简单，但容易造成短路；接触器联锁正反转控制电路相对安全可靠，但操作不方便；按钮－接触器双重联锁正反转控制电路集合了前两种电路的优

点，操作方便，工作安全可靠，因此应用最为广泛。在电路安装调试过程中，应严格按照操作规程进行操作，当线路出现故障时，必须马上切断电源，注意人身安全。

任务评价

序号	项目	考核要求	评分标准	配分
1	选择电器元件和导线	1. 按照图纸和电动机容量进行选择； 2. 选择电器元件和导线符合技术要求	1. 不会选择电器元件扣6分，不会选择电线扣4分； 2. 选择电器和导线的规格、型号有一项不符合要求扣2分； 3. 漏选、错选每项扣3分	10
2	配线安装方法	1. 按图接线； 2. 电器的安装、配线及步骤符合电路盘安装工艺	1. 不按图接线扣5分； 2. 安装和配线方法、步骤不符合电路盘安装工艺，不规范扣5分； 3. 损伤导线绝缘和线芯的每根扣1分。	10
3	安装质量	1. 电器元件安装牢固、端正、合理； 2. 配线整齐规范、匀称、美观； 3. 连线端子紧固，接触良好； 4. 符合电路盘安装规定	1. 电器元件安装不符合要求，每处扣3分； 2. 配线达不到工艺要求，每项扣5分； 3. 连线不紧固或电器接触不良，每处扣10分； 4. 存在不符合安全规定的现象，每次扣2分； 5. 电路盘整体质量差扣10分	40
4	电动机接线和试运转	1. 电动机接线方式正确，连接牢固； 2. 正确使用电工仪表进行线路检查； 3. 电动机试运转一次成功，试运转前需先报告考评员； 4. 试运转步骤符合安全操作原则，先试控制回路，后试主回路	1. 电动机接线方式不正确扣10分； 2. 连线不牢固扣8分； 3. 仪表使用或检查线路的方法及步骤不正确扣5分； 4. 试运转一次不成功扣20分，第二次不成功扣30分； 5. 发生短路现象一次扣15分； 6. 试运转操作步骤不正确扣5分； 7. 热继电器整定值错误扣2分	35
5	安全文明操作	按生产实习或有关规定考核	1. 发生安全或操作事故扣5分； 2. 违反考核规定扣1～5分	5
6	操作时间	在规定时间内完成操作	提前完成不加分	
7	其他		1. 损坏电器元件扣15分； 2. 损坏仪表扣25分	

项目六 电子测量技术训练

【项目需求】

电子测量是现代科学获取信息的重要手段，是从事现代电子科学研究的必备基础，也是培养学生“实践动手能力”的重要标志性学科，其特点是综合性强、实践性突出、应用面广泛。

本项目着重培养学生在电子测量技术与仪器方面的基础知识和应用能力；开阔学生思路，培养学生综合应用知识和实践的能力；培养学生严肃认真、求实求真的科学作风，为后续课程的学习打下基础。

随着科技的快速发展，工程师们需要最好的工具，迅速准确地解决面临的测量挑战。作为工程师的眼睛，数字示波器是设计、制造和维修电子设备不可或缺的工具。

【项目工作场景】

本项目的教学建议在电子实验室、电工实训室进行。实训场地应配有计算机，计算机上应安装仿真软件，且计算机连接数字示波器。

【方案设计】

先使用仿真软件，学习和掌握数字万用表的结构和原理。借助实训室设置电阻、电压、电流的测试环境，给学生实践学习的机会。

数字示波器功能较多，本项目只介绍最基本的使用知识，更详细的使用和设置请参阅示波器的使用说明书。通过示波器的使用训练，学习波形测量的基本方法。

【相关知识和技能】

知识点：

(1) 数字万用表的结构；

(2) 数字万用表使用的注意事项与方法；

(3) 使用数字万用表测量电阻、电流与电压的方法；

(4) 了解示波器的基本原理；

(5) 熟悉示波器的面板控制按键和使用方法。

技能点：

(1) 数字万用表的使用方法；

(2) 掌握示波器的基本测量过程。

任务1　数字万用表的使用

任务目标

(1) 了解数字万用表的结构，掌握其使用方法。
(2) 使学生掌握基本的电工操作技能，为生产实践做好知识储备。
(3) 培养学生的安全操作和团队协作意识，养成良好的职业习惯。

任务分析

在日常生活中，经常需要对电路中所用的电器元件进行检测，以判断其质量的好坏或测量其技术参数。数字万用表是电类从业人员必须掌握的重要仪表，其功能齐全、便于携带操作，是电气参数检测的重要工具。

知识准备

一、数字万用表的结构

本项目以 NT9205A 数字万用表为例作介绍，其外形如图 6－1－1 所示。

数字万用表亦称数字多用表，简称 DMM，它由液晶显示器、电源开关、复制保持键、转换开关、输入插孔、晶体管插孔和表笔组成。

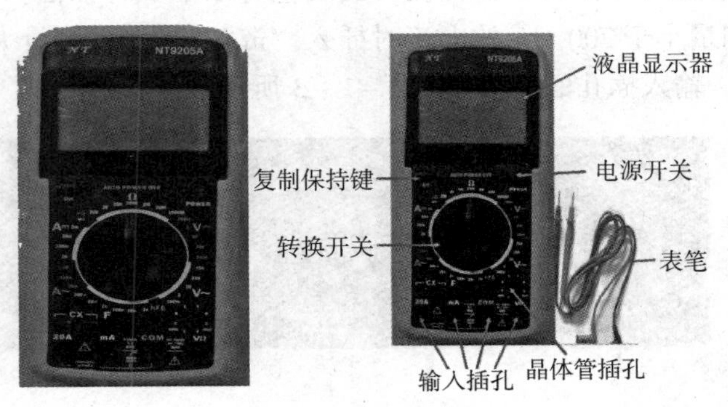

图 6－1－1　NT9205A 数字万用表

1. 液晶显示器

液晶显示器是数字万用表的显示部分，显示 4 位数字，最高位只能显示 1 或不显示数字，算半位，故称三位半，其最大指示为 1 999 或 -1 999，一旦超过量程，则显示“1”或“-1”。

2. 电源开关、复制保持键

按下复制保持键，显示器上测得的数据将会被保持，松开此键以后，显示器上数据恢复为“0”。电源开关用来接通和断开万用表电源。

3. 转换开关

NT9205A 数字万用表有 8 个挡位，分别是电阻挡挡位、直流电压挡挡位、交流电压挡挡位、直流电流挡挡位、交流电流挡挡位、三极管测试挡挡位（用来检测三极管）、电容挡挡位、二极管蜂鸣器挡挡位（用来测量二极管的导通情况）。转换开关的外形如图 6-1-2 所示。

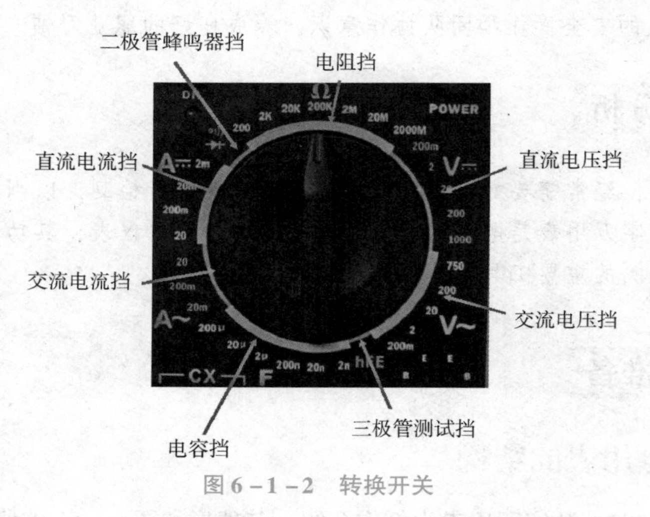

图 6-1-2　转换开关

4. 输入插孔

测量时将黑表笔插入“COM”的插孔，红表笔有以下 3 种插法：测量电压和电阻时插入“VΩ”插孔；测量小于 200 mA 的电流时插入“mA”插孔，测量大于 200 mA 的电流时插入“20 A”插孔。输入插孔的外形如图 6-1-3 所示。

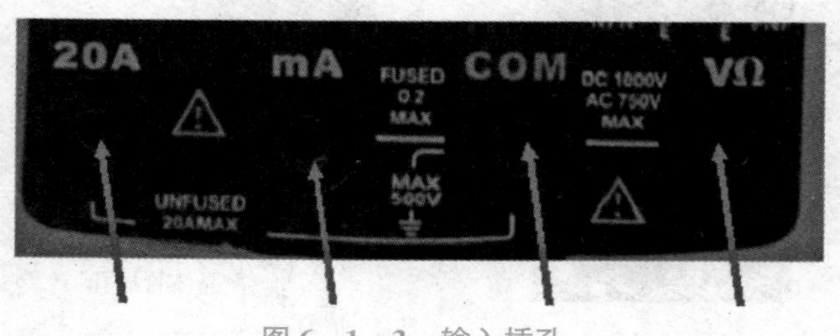

图 6-1-3　输入插孔

5. 晶体管插孔

晶体管插孔有6个，分别为NPN型和PNP型三极管E、B、C 3个脚的插孔，主要用来测量三极管电流放大系数和判断三极管极性。晶体管插孔的外形如图6-1-4所示。

6. 表笔

测量时将红、黑表笔分别插入对应的输入插孔，测量直流电或检测二极管时将红表笔接“+”接线柱、黑表笔接“-”接线柱。表笔的外形如图6-1-5所示。

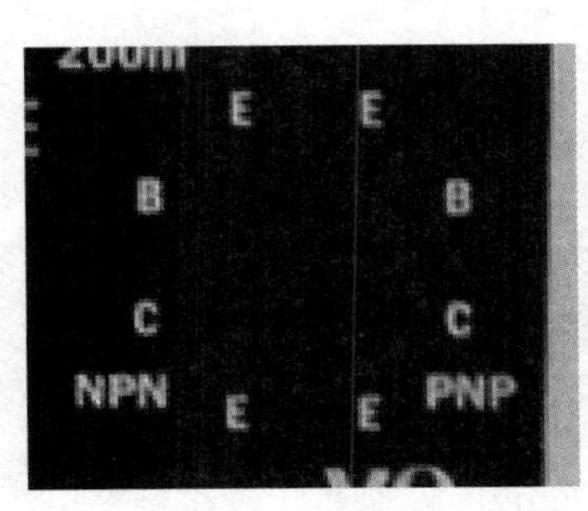

图6-1-4 晶体管插孔的外形

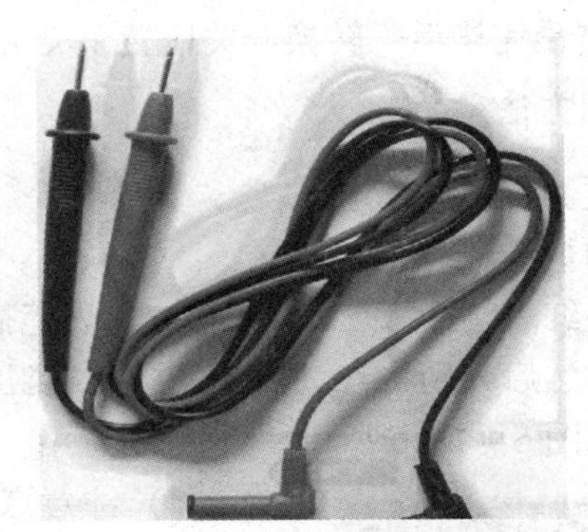

图6-1-5 表笔的外形

二、数字万用表与指针万用表的使用差异

数字万用表与指针万用表的使用差异如下：

（1）当被测电阻阻值大于量程时，读数为1，表示溢出，此时应选择大量程电阻挡测量。

（2）测量电阻时无须调零，读数也不需要乘倍率。

（3）数字万用表测直流电流或电压时，若极性反接，则液晶屏上显示负数值。

（4）数字万用表有很多量程，但其基本量程准确度最高。很多数字万用表有自动调节量程的功能，不用手动调节量程，使得测量方便、安全、迅速。大多数字万用表有过量程能力，但在测量中仍应使量程大于被测量，以防止损坏数字万用表。

（5）数字万用表响应时间越短越好，但有一些表的响应时间比较长，要等一段时间后读数才能稳定下来。

万用表选用原则：一般地，在高电压、大电流的模拟电路测量中宜选用指针万用表，如电视机、音响等的功放电路；在低电压、小电流的数字电路测量中宜选用数字万用表，如手机、收音机等的电路。但这也不是绝对的，可根据情况选用指针万用表和数字万用表。

三、数字万用表使用的注意事项与方法

1. 注意事项

（1）测量前，先检查红、黑表笔连接的位置是否正确。将红表笔接到红色接线柱或标有“+”号的插孔内，黑表笔接到黑色接线柱或标有“-”号的插孔内，不能接反，否则在测量直流电量时会因正负极的反接而损坏表头。

（2）在表笔连接被测电路之前，一定要查看所选挡位与测量对象是否相符，否则，误

用挡位和量程不仅得不到测量结果，还有可能会损坏万用表。在此提醒初学者，万用表损坏往往就是上述原因造成的。

（3）测量时，手指不要触及表笔的金属部分和被测元器件。

（4）测量中若需转换量程，必须在表笔离开电路后才能进行，否则转换开关转动产生的电弧易烧坏选择开关的触点，造成接触不良的事故。

（5）在实际测量中经常要测量多种电量，每一次测量前都要注意根据测量任务把转换开关转换到相应的挡位和量程。

（6）测量完毕后，转换开关应置于交流电压最大量程挡。

2. 使用方法

1）测量电阻

（1）测量步骤。

首先将红表笔插入“VΩ”孔、黑表笔插入“COM”孔，将转换开关打到“Ω”量程挡适当位置，然后分别将红、黑表笔接到电阻两端金属部分，最后读出显示屏上显示的数据。测量电阻如图 6 – 1 – 6 所示。

图 6 – 1 – 6　测量电阻

（2）注意点。

①量程的选择和转换。量程选小了，显示屏上会显示“1”，此时应换用较大的量程；反之，若量程选大了，显示屏上会显示一个接近于“0”的数，此时应换用较小的量程。

②读数。显示屏上显示的数字再加上挡位选择的单位就是它的读数。要注意的是，在“200”挡时单位是“Ω”，在“2 ~ 200 k”挡时单位是“kΩ”，在“2 ~ 2 000 M”挡时单位是“MΩ”。

如果被测电阻值超出所选择量程的最大值，则将显示过量程“1”，此时应选择更大的量程，对于大于 1 MΩ 或更高的电阻，要几秒钟后读数才能稳定，这是正常的。当没有连接好电路时，如开路情况，则仪表会显示为“1”。

当检查被测电路的阻抗时，要保证移开被测电路中的所有电源，将所有电容放到被测电路中，如有电源和储能元件，会影响电路阻抗测试的正确性。

万用表的“200 MΩ”挡位，短路时有 10 个字，测量一个电阻时，应从测量读数中减去这 10 个字。如测一个电阻时，显示为 101.0，应从 101.0 中减去 10 个字。被测元件的实际阻值为 100.0，即 100 MΩ。

2）测量电压

用万用表可测量交流电压和直流电压。

（1）测量交流电压。

测量交流电压如图 6 – 1 – 7 所示，其测量步骤为：

①将红表笔插入“VΩ”孔；

②将黑表笔插入“COM”孔；

③将量程旋钮打到“V ~”挡的适当位置；

④读出显示屏上显示的数据。

注意点如下：

①表笔插孔与测量直流电压时一样，不过应该将转换开关打到交流挡“V ~”处所需的量程。

②交流电压无正负之分，测量方法与前面相同。

③无论是测量交流还是直流电压，都要注意人身安全，不要随便用手触摸表笔的金属部分。

（2）测量直流电压。

测量直流电压如图 6－1－8 所示，其测量步骤为：

①将红表笔插入“VΩ”孔；

②将黑表笔插入“COM”孔；

③将转换开关打到“V－”挡的适当位置；

④读出显示屏上显示的数据。

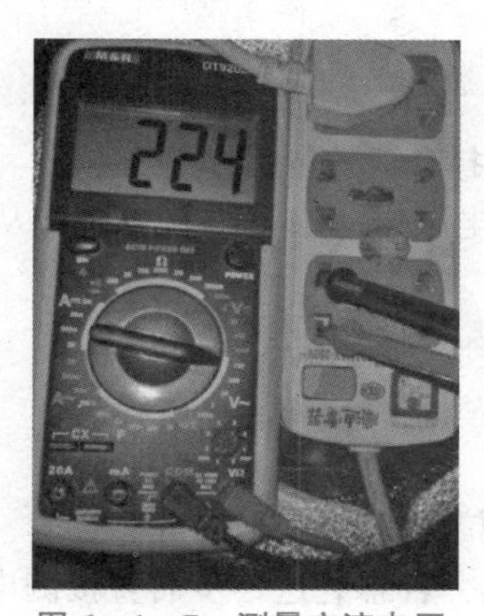

图 6－1－7　测量交流电压

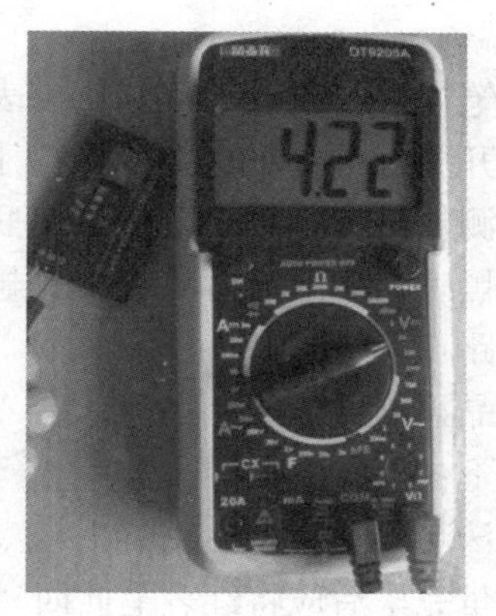

图 6－1－8　测量直流电压

注意点如下：

①把旋钮选到比估计值大的量程挡（注意：直流挡是“V－”，交流挡是“V ~”），接着把表笔接电源或电池两端，保持接触稳定，数值可以直接从显示屏上读取。

②若显示为“1”，则表明量程太小，应加大量程后再测量。

③若在数值左边出现“－”，则表明表笔极性与实际电源极性相反，此时红表笔接的是负极。

3）测量电流

用万用表可测量直流电流和交流电流。

（1）测量直流电流。

测量直流电流如图 6－1－9 所示，其测量步骤为：

①断开电路；

②将黑表笔插入“COM”端口、红表笔插入“mA”或者“20 A”端口；

③将转换开关打至“A－（直流）”挡，并选择合适的量程；

图 6－1－9　测量直流电流

④断开被测电路，将数字万用表串联入被测电路中，被测电路中电流从一端流入红表笔，经万用表黑表笔流出，再流入被测电路中；

⑤接通电路；

⑥读出液晶显示屏上的数字。

注意点如下：

①估计电路中电流的大小，若测量大于200 mA的电流，则要将红表笔插入“20 A”插孔，并将转换开关打到直流“20 A”挡；若测量小于200 mA的电流，则将红表笔插入“200 mA”插孔，并将转换开关打到直流200 mA以内的合适量程。

②将万用表串联入电路中，保持稳定，即可读数。若显示为“1”，则要加大量程；如果在数值左边出现“－”，则表明电流从黑表笔流进万用表部分。

（2）交流电流。

测量交流电流的步骤为：

①断开电路；

②将黑表笔插入“COM”端口、红表笔插入“mA”或者“20A”端口；

③将转换开关打至“A～（交流）”挡，并选择合适的量程；

④断开被测电路，将数字万用表串联入被测电路中，被测电路中电流从一端流入红表笔，经万用表黑表笔流出，再流入被测电路中；

⑤接通电路；

⑥读出液晶显示屏上的数字。

注意点如下：

①测量方法与测量直流电流时相同，不过挡位应该打到交流挡。

②电流测量完毕后应将红表笔插回“VΩ”孔，若忘记这一步而直接测电压，则万用表会损坏。

③如果使用前不知道被测电流范围，则应将转换开关置于最大量程并逐渐下降。

④如果显示屏只显示“1”，则应加大量程。

任务实施

掌握电阻、电压、电流的测量方法和步骤。

一、测量电阻（电子元件由教师提供）

（1）写出测量电阻的步骤。

（2）写出测量电阻的值。

二、测量电压

1. 测量交流电压

（1）写出测量交流电压的步骤。

（2）写出测量交流电压的值。

2. 测量直流电压

（1）写出测量直流电压的步骤。

（2）写出测量直流电压的值。

三、测量电流

（1）写出测量直流电流的步骤。

（2）写出测量直流电流的值。

任务总结

通常应根据所要求测量的项目和精确度，以及经济情况来选择数字万用表，同时还要养成正确操作的习惯，一般应注意以下几点。

（1）测量前，先检查红、黑表笔连接的位置是否正确。

（2）在表笔连接被测电路之前，一定要查看所选量程与测量对象是否相符，否则，若误用挡位和量程，不仅得不到测量结果，还有可能损坏万用表。读数时若显示的是数字“1”，则表明被测量大于所使用的量程，需加大量程重新测量。

（3）测量时，手指不要触及表笔的金属部分和被测元器件。

（4）测量中若需转换量程，必须在表笔离开电路后才能进行，否则转换开关转动产生的电弧易烧坏转换开关的触点，造成接触不良的事故。

（5）在实际测量中，经常要测量多种电量，每一次测量前要注意根据测量任务把转换开关转换到相应的挡位和量程。

（6）测量完毕后应将转换开关置于交流电压挡的最大量程。

任务评价

序号	评价项目	评价内容	分值	个人评价	小组评价	教师评价	得分
1	电阻测量	合理选择挡位和量程	9				
		正确连接红、黑表笔	9				
		正确读出电阻阻值	9				
2	电压测量	合理选择挡位和量程	9				
		正确连接红、黑表笔	9				
		正确读出交流和直流电压值	18				
3	电流测量	合理选择挡位和量程	9				
		正确连接红黑表笔	9				
		正确读出电流值	9				
4	安全规范	是否穿绝缘鞋	5				
		操作是否规范安全	5				

任务 2　数字双踪示波器使用

任务目标

（1）了解数字示波器的面板及主要功能。

（2）通过典型信号的测试，掌握数字示波器的使用方法。

（3）通过对波形数据的读数与分析，提高耐心细致的工作态度。

任务分析

示波器根据工作原理可分为模拟示波器和数字示波器，由于模拟示波器存在不易使用、不易存储的缺点，逐渐被数字示波器所取代。本任务以 JC2062M 型数字双踪示波器为例，如图 6－2－1 所示，介绍数字示波器的基本使用方法。

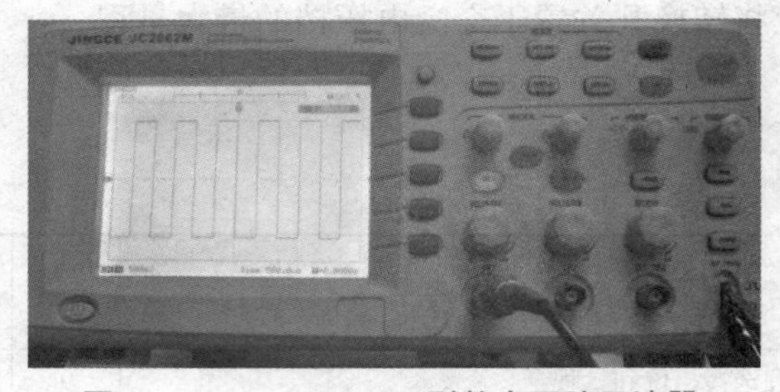

图 6－2－1　JC2062M 型数字双踪示波器

知识准备

一、数字示波器的功能

示波器最基本的功能是可以将电压信号通过直观的波形显示出来，便于观察分析，如波形、频率等电路参数的动态变化过程。而数字示波器不仅可以直接显示待测信号的幅值、频率、周期、上升时间等动态参数，还可以将对多个信号进行加减、快速傅里叶变换等数学运算的波形显示出来，也能将捕获的波形存储，以便后续分析。由于数字示波器功能较多，这里只介绍最基本的使用知识，更详细的使用和设置请参阅示波器的使用说明书。

二、数字示波器的面板

数字双踪示波器上所有开关与旋钮都有一定的强度与调节角度，使用时应轻轻地缓缓旋转，不能用力过猛或随意乱旋转，其面板标注如图 6－2－2 所示。

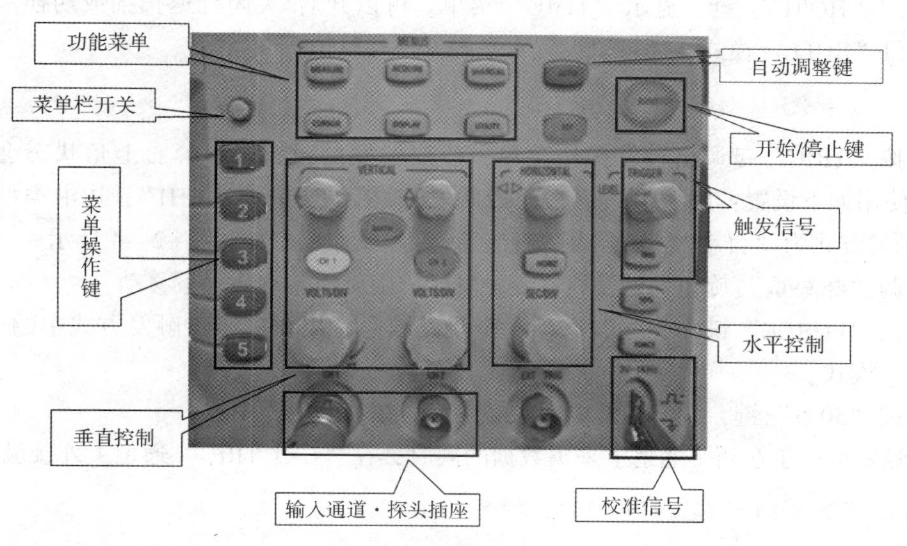

图 6－2－2　面板标注

1. 垂直控制 VERTICAL

（1）调“⇕”垂直旋钮，控制 CH1、CH2 波形在 *Y* 轴方向的位置。

（2）调“Volts/Div（伏/格）”挡位旋钮，对应通道 *Y* 轴的挡位会显示相应的变化。

（3）CH1（通道 1）、CH2（通道 2）键显示对应通道的操作菜单，如 CH1（通道 1）参数画面，若按 1 号菜单操作键，可以进行“耦合方式”参数修改，如图 6－2－3 所示。按菜单栏开关键可关闭当前选择的菜单，同时“CH1”键熄灭。

（4）“math”函数键主要对多个信号进行加减、快速傅里叶变换等数学运算。

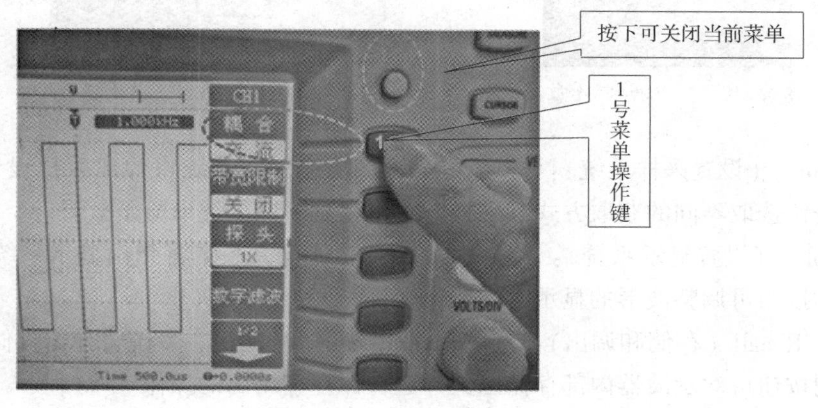

图 6－2－3　CH1 参数画面

2. 水平控制 HORIZONTAL

（1）调“Sec/Div（秒/格）”挡位，对应通道 X 轴的挡位会显示相应的变化。

（2）调“◁▷”水平旋钮，可以观察到波形随旋钮而水平移动。

（3）按“HORIZ”键，显示“TIME”菜单。可以开启/关闭延迟扫描或切换“Y－T”“X－Y”和“ROLL”模式，还可以设置水平触发位移复位。

3. 触发信号 TRIGGER

（1）按“TRIG”键调出触发操作菜单，改变触发的设置，屏幕右上角状态会随之变化。一般使用如下设置：触发模式为“边沿触发”；信源选择为“CH1”；边沿类型为“下降沿”；触发方式为“自动”；耦合为“直流”。触发操作菜单如图 6－2－4 所示。

（2）调“LEVEL”旋钮，触发线以及触发标志随旋钮转动而上下移动。

（3）按“FORCE”键，会强制产生一个触发信号，主要应用于触发方式中的“普通”和“单次”模式。

（4）按“50%”键，设定触发电平在触发信号幅值的垂直中点。

外部触发可用于在两个通道上采集数据的同时，在“EXT TRIG”通道上外接触发信号。

4. 常用菜单区 MENU（有 6 个功能键）

（1）Measure（自动测量）：按自动测量“Measure”功能键，系统将显示自动测量操作菜单，提供电压参数和时间参数，画面如图 6－2－5 所示。图中“2”号键对应的是“电压测量”参数设置，它包括峰峰值（V_{pp}）、最大值（V_{max}）、最小值（V_{min}）等。

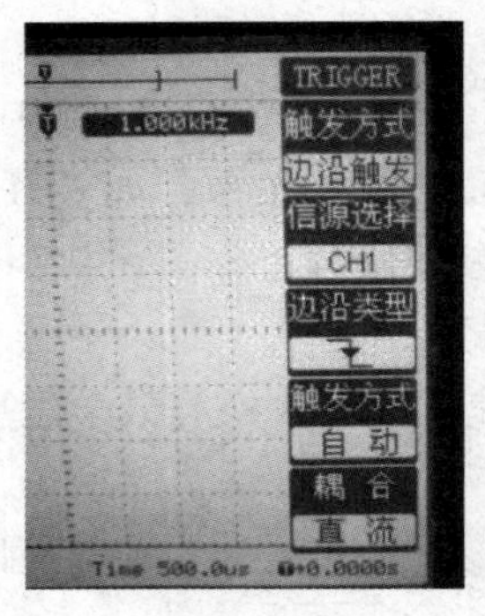

图 6－2－4 触发操作菜单

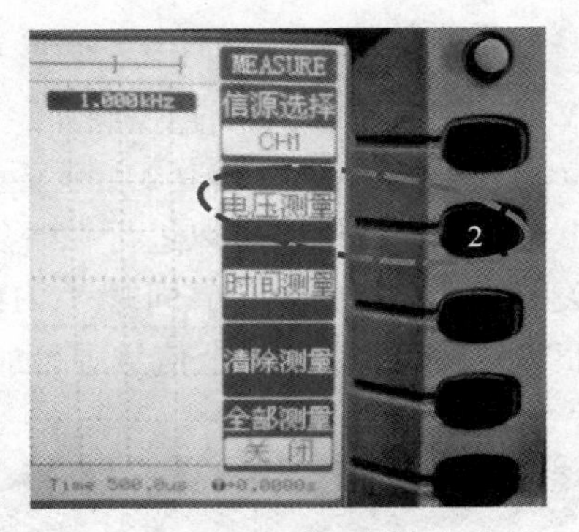

图 6－2－5 自动测量操作菜单

（2）Acquire（设置采样系统）：按“Acquire”功能键，系统将弹出采样设置菜单，通过菜单控制按钮选取不同的获取方式和采样方式可得到不同的波形显示效果。

（3）Display（设置显示系统）：按“Display”功能键，系统将弹出显示系统设置菜单，通过菜单控制按钮可调整波形的显示方式。

（4）Save/Recall（存储和调出）：按“Save/Recall”功能键，系统将弹出存储设置菜单，通过菜单控制按钮可对示波器内部存储区文件进行保存和调出的操作。

（5）Utility（设置辅助系统）：按“Utility”功能键，系统将弹出辅助系统功能设置菜单，通过菜单控制按钮可调整接口设置、声音、语言等。

（6）Cursor（光标测量）：按“Cursor”功能键，可以通过移动光标进行测量，使用前先将信号源设定成所要测量的波形。光标测量分为手动模式、追踪模式、自动测量模式。

5. 运行控制（有2个功能键）

（1）AUTO（自动调整）：自动设定仪器各项控制值，以产生适宜观察的波形显示。

（2）RUN/STOP（运行/停止）：运行或停止波形采样。

任务实施

1. 检查设备

在使用示波器前，先要检查示波器主体是否开机正常、探头是否有损坏、探头衰减档位是否和示波器主体设置一致（如×1或×10）。探头如图6－2－6所示。

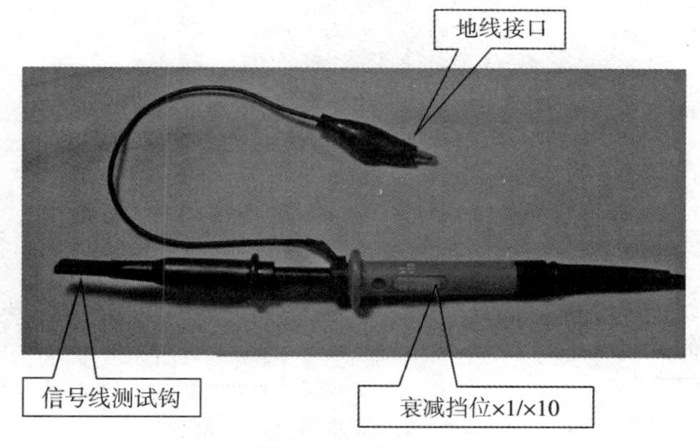

图6－2－6　探头

2. 示波器自检

将探头插入CH1（通道1）插口、信号测试钩挂至示波器“3 V 1 kHz”标准信号端、地线接口连至参考点（一般为待测电路的地线，若使用2个通道，则要特别注意2个探头的鳄鱼夹内部已经相连，2个通道的参考必须相同），如图6－2－7所示。

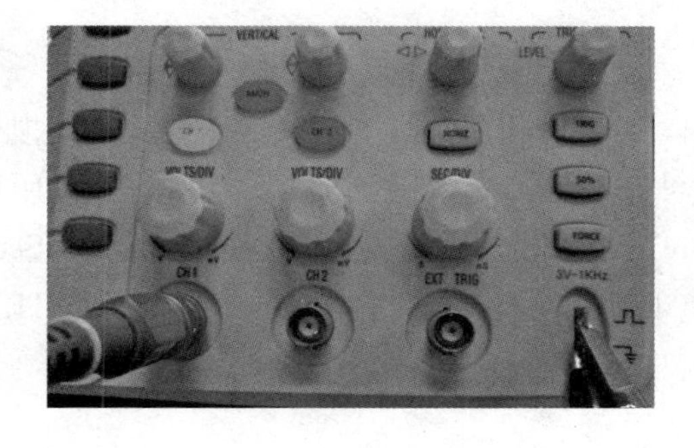

图6－2－7　示波器自检连接

按“AUTO”键，“CH1”自动点亮，示波器屏幕应显示如图6－2－8所示的波形。按“Measure”功能键，可测量信号的频率、周期、峰峰值等，注意观察峰峰值是否约为3 V，频率是否约为1 kHz，若偏差较大，则应检查探头通道参数是否设置有误。

3. 波形的移动和缩放

通过“⇕”旋钮可垂直移动波形；通过“⊲⊳”旋钮可水平移动波形；通过“Volts/Div”旋钮可改变垂直刻度（电压），垂直缩放波形；通过“Sec/Div”旋钮可改变水平刻度（时间），水平缩放波形。

通过上述调整，将波形在屏幕呈现2～4个周期、幅值占屏幕的2/3，以便于后续绘制波形，波形的格数与测量值的大小见图6－2－8的说明。

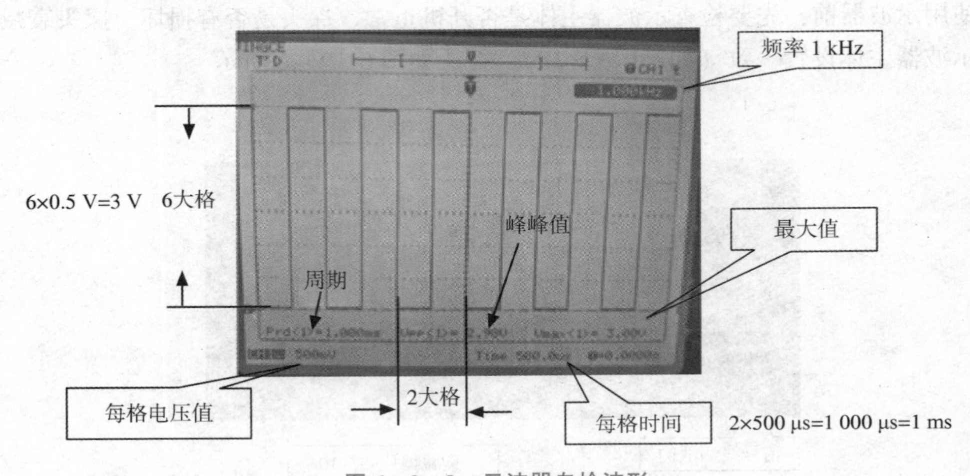

图6－2－8 示波器自检波形

4. 锁定波形，记录数据，绘制波形图

通过“RUN/STOP”可以开启/停止捕获波形，以方便对当前波形、数据进行绘制和记录。

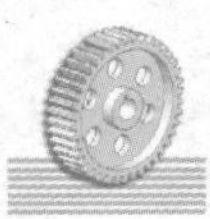

任务总结

数字示波器是按照采样原理，利用A/D变换，将连续的模拟信号转变成离散的数字序列，然后进行恢复重建波形，从而达到测量波形的目的。常用面板操作按键及功能有CH1（通道1）；“Volts/Div”（每格电压值）垂直缩放波形；“Sec/Div”（每格时间）水平缩放波形；“Measure”（自动测量）提供电压和时间参数；“TRIG”键改变触发参数的设置。

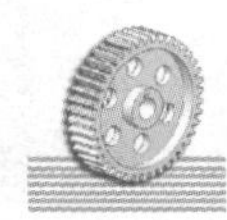

任务评价

任务指标	评价内容	评价标准	分值	个人评价	小组评价	教师评价
1. 各控制键作用识别； 2. 测量前的准备； 3. 信号校正； 4. 测量信号幅值、频率	1. 正确识别各控制键的作用； 2. 测量前调整有关控制键至正确位置； 3. 正确校正标准信号波形； 4. 正确测量与识读信号幅值和频率	1. 识别控制键的作用，每错一个扣 1 分； 2. 不会正确校正标准信号波形，扣 3～10 分； 3. 不会正确测量和识读信号幅值、频率，每错一个扣 10 分	60			
1. 工作的积极性； 2. 安全操作规程的遵守情况； 3. 纪律遵守情况和团结协作精神	工作过程积极参与，遵守安全操作规程和劳动纪律，有良好的职业道德、敬业精神及团队协作精神	1. 违反安全操作规程扣 30 分； 2. 在实操过程中他人有困难能给予热情帮助则加 5～10 分	30			
工作台面工具摆放整齐，电源断电	1. 工作台上工具摆放整齐； 2. 严格遵守安全操作规程	违反安全操作规程，酌情扣 3～10 分	10			
合计			100			

项目七
电子装接技术基础训练

【项目需求】

电子元器件的测量、焊接、插装是从事现代电子科学研究的必备基本功。通过学习，学生可以了解和掌握电子装接工的知识，从而具有相应的职业素养和技能。

【项目工作场景】

本项目的教学建议在电子实验室、电工实训室进行。实验室、实训室应具备各种常用电子元器件及焊接工具。

【方案设计】

创设质检环境，使学生模拟产品质检人员检测相应电子产品的制作情况，再模拟操作人员装接和焊接。

【相关知识和技能】

知识点：

(1) 电阻的识别方法；

(2) 电容器的极性；

(3) 二极管、三极管的特性。

技能点：

(1) 常用电子元器件的识别和检测方法；

(2) 元器件的装接和焊接。

任务1　常用电子元器件的识别与检测

任务目标

(1) 掌握电子元器件的识别方法，能使用万用表测量其性能参数；
(2) 通过对常用元件的识别与测量，掌握各元件标号的含义；
(3) 培养学生查询资料、自主学习的能力。

任务分析

电子元器件是构成电路的基础，而熟悉各类电子元器件的性能、特点和用途对设计、安装、调试电气线路十分重要。

知识准备

一、电阻器和电位器

电阻在电路中的主要作用为分流、限流、分压、偏置、滤波（与电容器组合使用）和阻抗匹配等。根据电阻的结构不同，主要可以分为电阻器和电位器。

1. 电阻器

电阻器在电路中用“R”加数字表示，如：R_{15}表示编号为15的电阻器。电阻值常用字母R表示，电阻值的单位是欧［姆］，简称欧，符号是Ω，1 Ω=1 V/A。比较大的单位有千欧（kΩ）、兆欧（MΩ）。小功率电阻器多使用色环标注法：普通电阻器用四色环标注法，精密电阻器采用五色环标注法。电阻器的色标位置和倍率关系见表7－1－1。

表7－1－1　电阻器的色标位置和倍率关系

颜色	有效数字	倍率	允许偏差/%
银色	/	10^{-2}	±10
金色	/	10^{-1}	±5
黑色	0	1	/

续表

颜色	有效数字	倍率	允许偏差/%
棕色	1	10^{1}	±1
红色	2	10^{2}	
橙色	3	10^{3}	
黄色	4	10^{4}	
绿色	5	10^{5}	±0.5
蓝色	6	10^{6}	±0.2
紫色	7	10^{7}	±0.1
灰色	8	10^{8}	/
白色	9	10^{9}	/

电阻值的测量比较简单，将红表笔插入“V/Ω”插孔、黑表笔插入“COM”插孔，根据电阻值的大小选择适当的电阻挡，红、黑两表笔分别接触电阻两端，观察读数。

特别是，测量在路电阻值时（在电路板上的电阻值），应先把电路的电源关断，以免引起读数抖动。禁止用电阻挡测量电流或电压（特别是交流 220 V 电压），否则容易损坏万用表。在路检测时注意电阻器不能有并联支路。

2. 电位器

电位器实际上是一种可变电阻器，它是一种电阻值连续可调的电子元件。电位器通常由两个固定输出端和一个滑动抽头组成。

1）电位器的分类

电位器的种类很多，常见的有旋转式、推拉式、直滑式、带开关式和多圈式。按结构不同，电位器可分为单圈、多圈，单联、双联，带开关，锁紧和非锁紧电位器。图 7－1－1 所示为几种常见的电位器。

图 7－1－1　几种常见的电位器

2）电位器的参数

由于制作电位器所用的电阻材料与相应的固定电阻相同，所以其主要参数的定义与相应的固定电阻也基本相同。但由于电位器上存在活动触点，因此电位器的阻值是可调的，和固

定电阻相比，它还具有以下两项参数。

（1）最大电阻值和最小电阻值。每个电位器的外壳上标注的标称阻值指的是电位器的最大电阻值，即两定片之间的电阻值。最小电阻值又称为零位电阻，由于活动触点间存在接触电阻值，因此最小电阻值不可能为零，在实际应用中，最小电阻值越小越好。

（2）电阻值变化特性。为了满足不同的用途，电位器电阻值的变化规律也不尽相同，常见的电位器电阻值变化规律有 3 种类型，即直线式（X 型）、指数式（Z 型）和对数式（D 型）。

3）电位器的检测

标称阻值的检测：置万用表欧姆挡于适当量程，先测量电位器两个定片之间的阻值是否与标称值相符，再测动片与任一定片间电阻。慢慢转动转轴从一个极向另一个极，若万用表的指示从 0 Ω（或标称值）至标称值（或 0 Ω）连续变化，且电位器内部无“沙沙”声，则质量完好；若转动中表针有跳动，则说明该电位器存在接触不良故障。

带开关电位器的检测：除进行标称值检测外还应检测开关。旋转电位器轴柄，接通或断开开关时应能听到清脆的“喀哒”声。置万用表于 $R\times1\ \Omega$ 挡，两表笔分别接触开关的外接焊片，接通时电阻值应为 0 Ω，断开时应为无穷大，否则认为开关损坏。

检测外壳与引脚间的绝缘性能：置万用表于 $R\times10\ \mathrm{k}\Omega$ 挡，一支表笔接触电位器外壳，另一支表笔分别接触电位器的各引脚，测得阻值都应为无穷大，否则存在短路或绝缘不好故障。

二、电容器

电容器是由两个彼此绝缘、相互靠近的导体与中间一层不导电的绝缘介质构成的，两个导体为电容器的两极，分别用导线引出。电容器是一种储能元件，也是最常用、最基本的电子元件之一，在电路中用于调谐、振荡、隔直、滤波、耦合、旁路等。

1. 电容的分类

电容器按结构分，可分为固定电容器、可变电容器和微调电容器。按绝缘介质分，可分为空气介质电容器、云母电容器、瓷介电容器、涤纶电容器、聚苯乙烯电容器、金属化纸介电容器、电解电容器、玻璃釉电容器、独石电容器等。

2. 电容器的参数识别和选用

电容器的主要参数是容量和耐压值，常用的容量单位有 μF（10^{-6} F）、nF（10^{-9} F）、pF（10^{-12} F），其标注方法与电阻相同。当标注中省略单位时，默认单位应为 pF。

电容器的选用应考虑使用频率、耐压。电解电容器还应注意极性，若“+”极接到直流高电位，则还应考虑其使用温度。贴片电容器有标识的一侧为正极，插件电容器引脚长的一侧为正极，距灰色部分近的一侧为负极。

用 MF－47 指针万用表识别电容时，要注意以下几点。

（1）因为电解电容器的容量较一般固定电容器大得多，所以测量时应针对不同容量选用合适的量程。根据经验，一般情况下，容量在 1～47 μF 间的电容器，可用 $R\times1\ \mathrm{k}\Omega$ 挡测量，容量大于 47 μF 的电容器可用 $R\times100\Omega$ 挡测量。

(2) 将万用表红表笔接负极、黑表笔接正极，在刚接触的瞬间，万用表指针即向右偏转较大角度（对于同一电阻挡，容量越大，摆幅越大），接着逐渐向左回转，直到停在某一位置。此时的电阻值便是电解电容器的正向漏电阻值，此值略大于反向漏电阻值。实际使用经验表明，电解电容器的漏电阻值一般应在几百 kΩ 以上，否则将不能正常工作。在测试中，若正向、反向均无充电的现象，即指针不动，则说明容量消失或内部断路；如果所测电阻值很小或为零，则说明电容器漏电大或已击穿损坏，不能再使用。

(3) 对于正、负极标志不明的电解电容器，可利用上述测量漏电阻值的方法加以判别，即先任意测一下漏电阻值，记住其大小，然后交换表笔再测出一个电阻值。两次测量中电阻值大的那一次便是正向接法，即黑表笔接的是正极，红表笔接的是负极。

(4) 使用万用表电阻挡，采用给电解电容器进行正、反向充电的方法，根据指针向右摆动幅度的大小，可估测出电解电容器的容量。

三、电感

当线圈通过电流后，在线圈中形成感应磁场，感应磁场又会产生感应电流来抵制通过线圈中的电流。我们把这种电流与线圈的相互作用关系称为电的感抗，也就是电感，电感的单位是亨［利］(H)。也可利用此性质制成电感器，电感器一般由骨架、绕组、屏蔽罩、封装材料（封装材料采用塑料或环氧树脂等）、磁芯或铁芯等组成。

1. 电感器的分类

电感器按结构分类，可分为线绕式电感器和非线绕式电感器（多层片状、印刷电感等)，还可分为固定式电感器（空心电子表感器、磁芯电感器、铁芯电感器）和可调式电感器。按贴装方式分，可分为有贴片式电感器和插件式电感器 。按用途分类，可分为振荡电感器、校正电感器、显像管偏转电感器、阻流电感器、滤波电感器、隔离电感器和补偿电感器。

2. 电感器的检测

将万用表置于电阻挡，红、黑表笔各接色码电感器的任一引出端，此时指针应向右摆动。根据测出的电阻值大小，可具体分下述两种情况进行鉴别：

(1) 被测色码电感器的电阻值为零，其内部有短路性故障；

(2) 被测色码电感器的直流电阻值的大小与绕制电感器线圈所用的漆包线径、绕制圈数有直接关系，只要能测出电阻值，即可认为被测色码电感器是正常的。

四、二极管

二极管又称为晶体二极管，简称二极管，具有单向导电性，即电流只能从正极流向负极，在电路中通常用来整流。

1. 二极管的分类

二极管按材料分，可分为硅二极管和锗二极管。按用途分，可分为普通二极管、整流二极管、开关二极管、发光二极管、变容二极管、稳压二极管和光电二极管等。

2. 二极管的识别

1）MF 型指针万用表测二极管

用指针万用表欧姆挡识别二极管的正、反向电阻时，一般情况下正向电阻低的二极管为高频管，正向电阻高的为低频管。红、黑表笔与二极管的连接图如图 7－1－2 所示。

图 7－1－2　MF 型指针万用表测二极管

若用指针万用表测得稳压二极管的正、反向电阻或者用数字万用表测电压降，若两次的数值均很小，则二极管内部短路；若两次测得的数值均很大或高位为“1”，则二极管内部开路。

2）数字万用表测量二极管

用数字万用表测量二极管的步骤如下：

（1）将红表笔插入“V/Ω”孔、黑表笔插入“COM”孔；

（2）将转换开关打在（—▷|—）挡；

（3）判断正负；

（4）将红表笔接二极管正极、黑表笔接二极管负极；

（5）读出液晶显示屏上的数据；

（6）将两表笔换位，若显示屏上为“1”，则正常，否则此二极管被击穿。

3）注意事项

二极管正负好坏判断。将红表笔插入“V/Ω”孔、黑表笔插入“COM”孔，转换开关打在（—▷|—）挡，然后颠倒表笔再测一次。测量结果如下：如果两次测量的结果是一次显示“1”字样，另一次显示零点几的数字，那么此二极管就是一个正常的二极管；假如两次显示都相同的话，那么此二极管已经损坏，液晶屏上显示的一个数字即是二极管的正向压降，硅材料为 0.6 V 左右，锗材料为 0.2 V 左右。根据二极管的特性，可以判断此时红表笔接的是二极管的正极，而黑表笔接的是二极管的负极，用数字万用表测二极管的连接如图 7－1－3 所示。

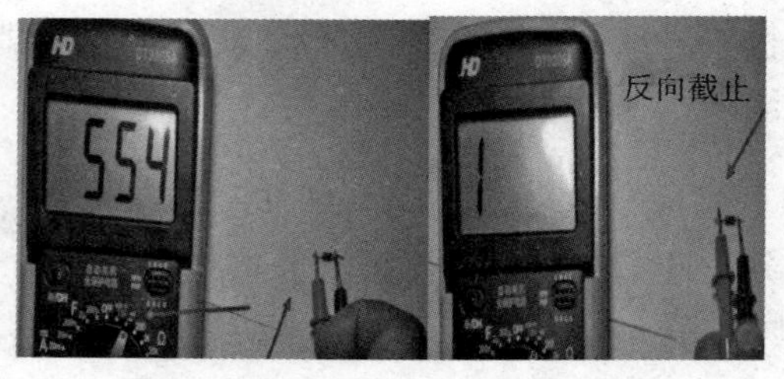

图 7－1－3　数字万用表测二极管

五、三极管

半导体三极管又称“晶体三极管”或“晶体管”，在电路中用字母“VT”表示，由两个背靠背的PN结组成并引出3个电极，分别叫基极b、发射极e和集电极c，三极管能起放大、振荡或开关的作用。

1. 三极管的种类

三极管按材料分，可分为锗管和硅管。按结构分，可分为点接触型和面接触型。按工作频率分，可分为有高频三极管、低频三极管、开关管等。按功率大小分，可分为大功率、中功率、小功率三极管等。按封装形式分，可分为金属封装和塑料封装等形式。

2. 三极管的识别

首先将万用表打到测试二极管挡，用万用表的一个表笔接触三极管的其中一个管脚，而用万用表另外的那支表笔去测试其余的管脚，直到测试出如下结果。

（1）如果三极管的黑表笔接其中一个管脚，而用红表笔测其他两个管脚都导通有电压显示，那么此三极管为PNP三极管，且黑表笔所接的脚为三极管的基极b，其中万用表的红表笔接其中一个脚的电压稍高，那么此脚为三极管的发射极e，剩下的电压偏低的那个管脚为集电极c。

（2）如果三极管的红表笔接其中一个管脚，而用黑表笔测其他两个管脚都导通有电压显示，那么此三极管为NPN三极管，且红表笔所接的脚为三极管的基极b，其中万用表的黑表笔接其中一个脚的电压稍高，那么此脚为三极管的发射极e，剩下的电压偏低的那个管脚为集电极c。

利用数字万用表h_{FE}挡也可测出三极管的集电极c和发射极e。根据三极管的类型将三极管的3个管脚插入e、b、c三个孔中，若屏幕显示大于100，则说明管脚插入正确；若显示只有几十，则说明管脚插错了孔。

然后，利用数字万用表的h_{FE}挡检测放大倍数β，将转换开关拨至“h_{FE}”挡，此时红、黑两表笔不起作用，根据三极管的类型将三极管e、b、c的3个脚插入e、b、c 3个孔中，若屏幕显示大于100，则该值为放大倍数β；若显示“000”，则说明三极管已损坏。

最后，判别三极管的好坏，检查三极管的两个PN结。测试时用万用表测二极管的挡位分别测试三极管发射极、集电极的正、反偏是否正常，若正常，则三极管是好的，否则三极管已损坏。如果在测量中找不到b极，则该三极管也已损坏。以PNP管为例来说明，一只PNP型三极管的结构相当于两只二极管，负极靠负极接在一起。

任务实施

根据给出的材料清单，识别检验电路中的电气元件。

一、测电阻值

根据提供的电阻器和电位器进行型号的识别，并将结果分别填入表7－1－2和表7－1－3中。

表 7－1－2　电阻器型号识别及相关数据

标称阻值	万用表挡位选择	测量阻值	误差

表 7－1－3　电位器型号识别及相关数据

电位器型号	阻值变化范围	万用表测试结果

二、测电容

根据提供的电容器进行型号的识别，并将结果填入表 7－1－4。

表 7－1－4　电容器型号识别及相关数据

电容器的类别与型号	万用表挡位	万用表测试结果

三、测电感

根据提供的电感器进行型号的识别，并将结果填入表 7－1－5。

表 7－1－5　电感器型号识别及相关数据

型号	测试分析	备注

四、测二极管

根据提供的二极管进行型号的识别，然后查找该二极管的参数，并将结果填入表 7－1－6。

表 7－1－6　三极管型号识别及相关数据

型号	万用表挡位	正向是否导通	反向是否截止	测试分析	备注

5. 测三极管

根据提供的三极管进行型号的识别，然后查找该三极管的参数，并将结果填入表7-1-7。

表7-1-7　三极管型号识别及相关数据

型号	万用表挡位	放大倍数	NPN/PNP 判别	测试分析

任务总结

在测试电气元件前，应先充分了解万用表的使用方法。在测试元件时，应根据需要注意万用表的挡位变换。

任务评价

序号	评价项目	评价内容	分值	个人评价	小组评价	教师评价	得分
1	电阻与电位器识别	合理选择挡位和量程	6				
		正确连接红、黑表笔	6				
		正确读出电阻与电位器的阻值	6				
2	电容识别	合理选择挡位和量程	6				
		正确连接红、黑表笔	6				
		正确识别电容器	6				
3	电感识别	合理选择挡位和量程	6				
		正确连接红、黑表笔	6				
		正确分析电感器结果	6				
4	二极管识别	合理选择挡位和量程	6				
		正确连接红、黑表笔	6				
		正确识别二极管的好坏	6				
5	三极管识别	合理选择挡位和量程	6				
		正确连接红、黑表笔	6				
		正确识别三极管的特征值	6				
6	安全规范	是否穿绝缘鞋	5				
		操作是否规范安全	5				
总分			100				

任务 2 常用电子元器件的焊接

任务目标

（1）掌握焊接的操作步骤和焊接质量要求。

（2）掌握电子元器件的装接方法和电烙铁的使用方法。

（3）培养细心耐心的工作态度和一丝不苟的严谨作风。

任务分析

电子元器件手工装配工艺是作为一名电子产品制造工应掌握的基本技能。了解生产企业自动化焊接种类及工艺流程、熟悉焊点的基本要求和质量验收标准，是保证电子产品质量好坏的关键。

知识准备

电子元器件插装要求做到整齐、美观、稳固，同时应方便焊接和有利于元器件焊接时的散热。

一、元器件分类与筛选

1. 元器件的分类

在手工装配时，按电路图或工艺文件将电阻器、电容器、电感器、三极管、二极管、变压器、插排线、座、导线、紧固件等归类。机器自动化电装配应严格按工艺文件和生产数量有序地将元器件放在插件机上。自动化装配一般使用盘式或带式包装元器件。

2. 元器件的筛选

用通用和专用的筛选检测装备和仪器对元器件进行外观质量筛选和电气性能的筛选，以确定其优劣，并剔除那些已经失效的元器件。

二、元器件引脚成形

在加工过程中需要对元器件的引脚进行整形，手工加工的元器件整形如图 7－2－1

所示，机器加工的元器件引脚整形如图 7－2－2 所示，三极管专用机器整形后的元器件如图 7－2－3 所示。元器件整形的基本要求如下。

（1）所有元器件的引脚均不得从根部弯曲，一般应预留 1.5 mm 以上的长度。因为制造工艺上的原因，根部容易折断。

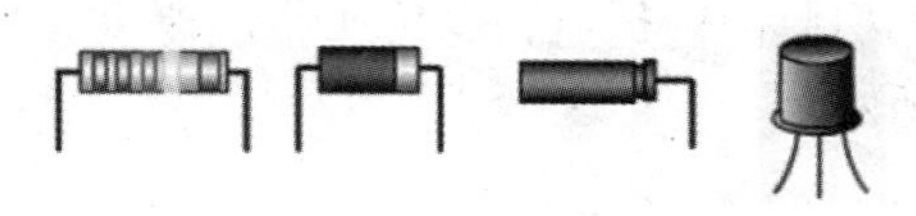

图 7－2－1　手工加工的元器件整形

（2）手工组装的元器件可以弯成直角，但机器组装的元器件弯曲一般不要成死角，圆弧半径应大于引脚直径的 1～2 倍。

（3）要尽量将有字符的元器件面置于容易观察的位置。

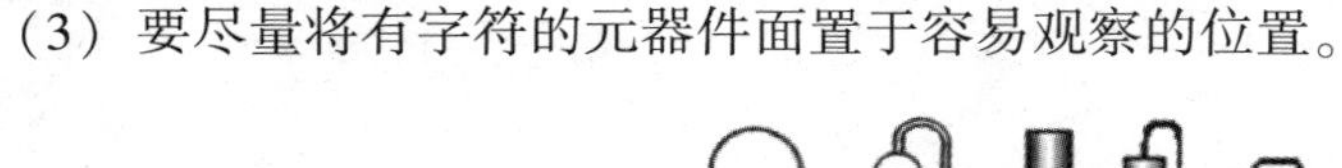
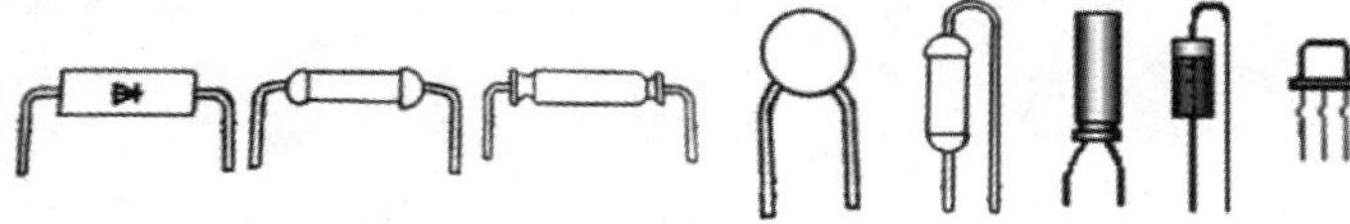

图 7－2－2　机器加工的元器件引脚整形

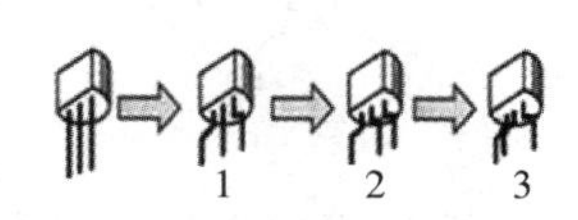

图 7－2－3　三极管专用机器整形后的元器件

三、插装技术

1. 元器件插装的原则

元器件插装的原则有以下两点。

（1）手工插装、焊接，应该先插装那些需要机械固定的元器件，如功率器件的散热器、支架、卡子等，然后再插装需焊接固定的元器件。插装时不要用手直接碰元器件引脚和印制板上的铜箔。

（2）自动机械设备插装、焊接，就应该先插装那些高度较低的元器件，后安装那些高度较高的元器件，贵重的关键元器件应该放到最后插装，散热器、支架、卡子等的插装要靠近焊接工序。

2. 元器件插装的方式

元器件插装的方式分为直立式、俯卧式和混合式。

（1）直立式。电阻器、电容器、二极管等都竖直安装在印刷电路板上，如图 7－2－4 所示。

（2）俯卧式。二极管、电容器、电阻器等元器件均俯卧式安装在印刷电路板上，如图 7－2－5 所示。

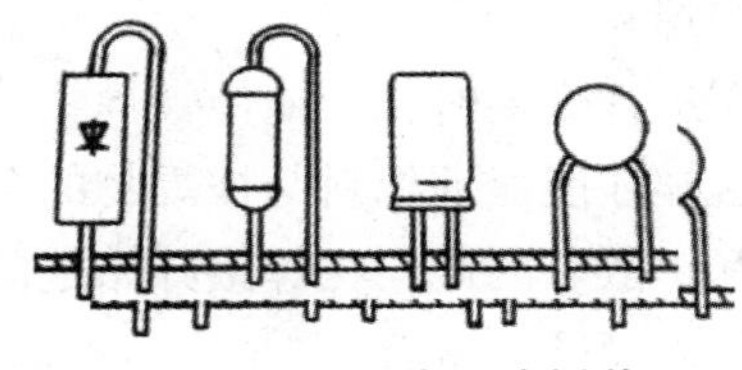

图 7－2－4　直立式插装

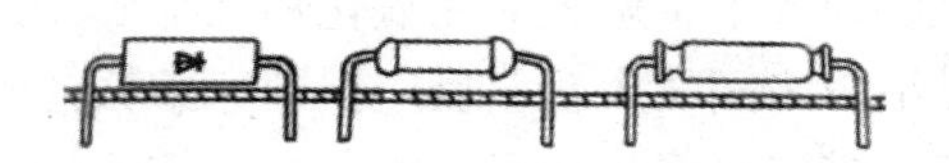

图 7－2－5　俯卧式插装

（3）混合式。为了适应各种不同条件的要求或面积限置，在一块印刷电路板上，有的

元器件采用直立式安装，有的元器件则采用俯卧式安装。短脚插装的元器件整形后，引脚很短，所以都用自动化插件机器插装，且靠板插装，当元器件插装到位后，机器自动将穿过孔的引脚向内折弯，以免元器件掉出。长脚插装如图 7－2－6 所示，短脚插装如图 7－2－7 所示。

图 7－2－6　长脚插装　　　　图 7－2－7　短脚插装

四、焊接技术

1. 焊接工具

电烙铁是焊接电子元器件及接线的主要工具，常见的电烙铁有 3 种，分别是恒温式电烙铁、外热式电烙铁和内热式电烙铁。

1）恒温式电烙铁

恒温式电烙铁的特点是恒温装置在烙铁本体内，核心是装在烙铁头上的强磁体传感器。强磁体传感器有一个特性，能够在温度达到某一点（称为居里点，因磁体成分而异）时磁性消失。这一特征正好用来作为磁控开关来控制加热元件的通断，从而控制烙铁的温度。

2）外热式电烙铁

外热式电烙铁由烙铁头、烙铁芯、外壳、手柄等组成，由于烙铁头安装在烙铁芯里面，故称为外热式电烙铁。外热式电烙铁的规格很多，常用的有 35 W、45 W、75 W、100 W 等，功率越大，烙铁头的温度也就越高。

3）内热式电烙铁

内热式电烙铁由铜头、芯子、弹簧夹、连接杆、塑料手柄组成，由于烙铁芯安装在烙铁头里面，因而发热快、热的利用率高。

内热式电烙铁的特点是体积小、重量轻、发热快、效率高、使用起来很方便，所以得到了普遍的应用。

2. 焊料、助焊剂与阻焊剂

焊料是指易熔的金属及其合金，它的作用是将被焊物连接在一起，焊料的熔点比被焊物的熔点低，而且易于与被焊物连为一体。焊料按其组成成分可分为锡铅焊料、银焊料、铜焊料。锡铅焊料中，熔点在 450 ℃以上的称为硬焊料，熔点在 450 ℃以下的称为软焊料。为能使焊接质量得到保障，视被焊物的不同，选用不同的焊料。

助焊剂就是用于清除氧化膜的一种专用材料。在进行焊接时，为能使被焊物与焊料焊接牢靠，就必须要求金属表面无氧化物和杂质，只有这样才能保证焊料与被焊物的金属表面因固体结晶组织之间发生合金反应，即原子钻台的相互扩散。因此，在焊接开始之前，必须采取各种有效措施将氧化物和杂质除去，使焊料和金属表面顺利融合。

常用助焊剂的主要成分为光固树脂，其在高压汞灯照射下会很快固化。助焊剂的颜色多为绿色，故俗名为“绿油”。

3. 焊接工艺

1）焊接要求

焊接技术是电子装配首先要掌握的一项基本功，是保证电路工作可靠的重要环节。一个焊点达不到要求，就要影响整机的质量。因此，在焊接时，不仅要做到焊接牢固，还要保证焊点表面光滑、清洁、无毛刺，要求高一点的还要求美观整齐、大小均匀，避免虚焊、冷焊、漏焊、错焊。

2）焊接步骤

焊接步骤如下。

（1）准备施焊。准备好焊料和烙铁，此时特别要强调的是烙铁头部要保持干净才可以沾上焊料（俗称吃锡）。

（2）加热焊件。将烙铁接触焊接点，注意首先要保持烙铁加热焊件部分，例如印制板上引线和焊盘都受热，其次要注意让烙铁头的扁平部分（较大部分）接触热容量较大的焊件，烙铁头的侧面和边缘部分接触热容量较小的焊件，以保持焊件均匀受热。

（3）熔化焊料。当焊件加热到能熔化焊料的温度后将焊料置于焊点上，焊料开始熔化并润湿焊点。

（4）移开焊料。当熔化一定量的焊料后将焊料移开。

（5）移开烙铁。当焊料完全润湿焊点后移开烙铁，注意移开烙铁的方向应该是大致45°的方向。

注意在焊料凝固之前不要使焊件移动或振动，特别是用镊子夹住焊件时一定要等焊料凝固再移去镊子，否则会造成所谓的“冷焊”。移开烙铁的技巧示意图如图7－2－8所示。

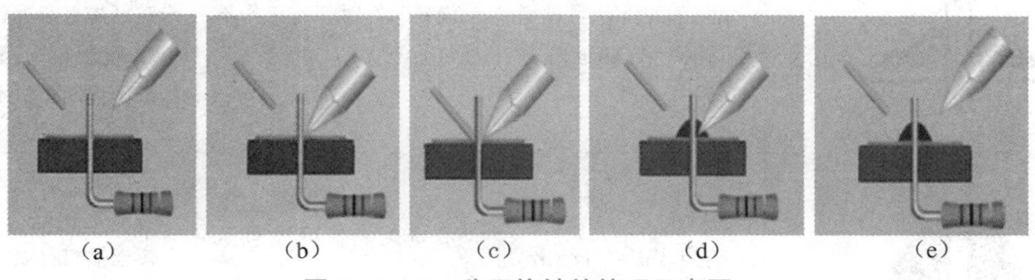

(a)　(b)　(c)　(d)　(e)

图7－2－8　移开烙铁的技巧示意图

五、常见电子元件的焊接工艺

元器件的装焊顺序依次是电阻器、电容器、二极管、三极管、集成电路、大功率管，其他元器件是先小后大。

1. 焊接要求

不同元器件的焊接要求不同，分别如下。

（1）电阻器的焊接。将电阻器准确地装入规定位置，并要求标记向上、字向一致。装完一种规格后再装另一种规格，尽量使电阻器的高低一致。焊接后将露在印制电路板表面上多余的引脚齐根剪去。

（2）电容器的焊接。将电容器按图纸要求装入规定位置，并注意有极性的电容器其

“+”与“-”极不能接错。电容器上的标记方向要易看得见。先装玻璃釉电容器、金属膜电容器、瓷介电容器，再装电解电容器。

(3) 二极管的焊接。正确辨认二极管的正负极后按要求装入规定位置，型号及标记要容易看得见。焊接立式二极管时，对最短的引脚焊接时间不要超过 2 s。

(4) 三极管的焊接。按要求将 e、b、c 3 根引脚装入规定位置。焊接时间应尽可能地短些，焊接时用镊子夹住引脚，以帮助散热。焊接大功率三极管时，若需要加装散热片，应将接触面平整、打磨光滑后再紧固，若要求加垫绝缘薄膜片，则千万不能忘记管脚与线路板上焊点需要连接时，要用塑料导线。

(5) 集成电路的焊接。将集成电路插装在印制线路板上，按照图纸要求检查集成电路的型号、引脚位置是否符合要求。焊接时先焊集成电路边沿的两只引脚，以使其定位，然后再从左到右或从上至下进行逐个焊接。焊接时，烙铁一次蘸取焊料量为焊接 2～3 只引脚的量，烙铁头先接触印制电路的铜箔，待焊料进入集成电路引脚底部时，烙铁头再接触引脚，接触时间以不超过 3 s 为宜，而且要使焊料均匀包住引脚。焊接完毕后要检查是否有漏焊、碰焊、虚焊之处，并清理焊点处的焊料。

2. 焊接质量分析

(1) 手工焊接常见的不良现象见表 7－2－1。

表 7－2－1　手工焊接常见的不良现象

焊点缺陷	外观特点	危害	原因分析
虚焊	焊料与元器件引脚和铜箔之间有明显黑色界限，焊锡向界限凹陷	设备时好时坏，工作不稳定	1. 元器件引脚未清洁好、未镀好焊料或焊料氧化； 2. 印制板未清洁好，喷涂的助焊剂质量不好
焊料过多	焊点表面向外凸出	浪费焊料，可能包藏缺陷	焊丝撤离过迟
焊料过少	焊点面积小于焊盘的 80%，焊料未形成平滑的过渡面	机械强度不足	1. 焊料流动性差或焊料撤离过早； 2. 助焊剂不足； 3. 焊接时间太短
过热	焊点发白，表面较粗糙，无金属光泽	焊盘强度降低，容易剥落	烙铁功率过大，加热时间过长

续表

焊点缺陷	外观特点	危害	原因分析
冷焊	表面呈豆腐渣状颗粒，可能有裂纹	强度低，导电性能不好	焊料未凝固前焊件抖动
拉尖	焊点出现尖端	外观不佳，容易造成桥连短路	1. 助焊剂过少而加热时间过长； 2. 烙铁撤离角度不当
桥连	相邻导线连接	电气短路	1. 焊料过多； 2. 烙铁撤离角度不当
铜箔翘起	铜箔从印制板上剥离	印制电路板已被损坏	焊接时间太长，温度过高

（2）造成焊点虚焊主要有下列几种原因：

①被焊件引脚受氧化；

②被焊件引脚表面有污垢；

③焊料的质量差；

④焊接质量不过关，焊接时焊料用量太少；

⑤电烙铁温度太低或太高，焊接时间过长或过短；

⑥焊接时焊料未凝固前焊件抖动。

任务实施

一、焊点练习与元件安装

（1）对焊接前的电路板和元器件进行处理。

（2）按工艺要求对元器件整形，手工插装。

（3）掌握焊接技术。

二、器材准备

（1）印制电路板一块。

（2）20 W 内热式电烙铁一把。

（3）不同类型的电阻器5只，瓷片电容器2只，电解电容器2只，不同整流电流的二极管3只，不同封装的三极管5只，拨动开关1个，12线排插1个。

（4）焊料若干，松香若干，跳线（利用剪下的引脚）2条。

任务总结

在装接常用电子元器件时，首先要注意元器件的筛选，排除损坏的元器件。根据不同元器件，对其引脚选择不同的整形和插装方式，焊接时应注意焊接的方法，以保证良好的焊接效果。

任务评价

序号	评价项目	评 价 内 容	分值	个人评价	小组评价	教师评价	得分
1	元器件成形与插装	插装符合工艺要求	10				
		排列整齐，标志方向一致	10				
		按工艺要求成形	10				
2	焊接	焊点光滑均匀	10				
		无虚焊、漏焊、桥焊	10				
		导线与焊盘无断裂、翘起、脱落现象	10				
		工具、图纸、元器件放置有规律，符合要求	10				
3	安全规范	正确使用电烙铁	10				
		是否穿绝缘鞋	10				
		操作是否规范安全	10				

项目八 电子装调技术综合训练

【项目需求】

在电子电路中，一般需要稳定的直流电源供电，而电力系统供给的一般是交流电，因此直流稳压电源应用非常广泛。制作集成稳压电源能够使学生能更形象、直观地理解整流滤波和稳压的知识点。任务1中的LM317集成稳压电源的制作属于模拟电路范畴，而数字电路的浪潮几乎席卷各行各业。而任务2通过制作8路抢答器，能让学生更深入地走进编码、译码、优先锁存、显示、波形产生等综合数字电路中。

【项目工作场景】

本项目的教学建议在电子实验室、电工实训室进行，场地应配备直流稳压电源、各种元器件以及焊接工具。

【方案设计】

（1）集成稳压电源的制作。建议用万能板完成电路的布局与安装，选购元器件的尺寸应使引脚能方便地安插在万能板上，在连接电路时，可适当利用自身的引脚线、导线或拖焊等完成布线。电路调试时需要对滤波稳压关键点进行数据检测并分析。

（2）8路抢答器的制作。8路抢答器的电路复杂、元器件多，建议采用制作好的电路板完成电路组装。电路调试时需要检测译码锁存电路、数显电路的关键点数据，并能对电路出现的故障进行分析与排除。

【相关知识和技能】

知识点：

(1) 桥式整流电容滤波的电路图和工作原理；

(2) LM317 集成稳压电源的应用电路；

(3) 二进制编码过程及应用电路；

(4) CD4511 译码器的引脚功能和锁存电路；

(5) 七段数码管的原理及应用电路；

(6) 555 报警电路的工作原理。

技能点：

(1) 能运用点焊法对元器件进行焊接；

(2) 会使用万用表、示波器等常用测量工具。

任务1　集成稳压电源的安装与调试

任务目标

（1）了解整流、滤波、稳压电路的组成及工作过程，掌握集成稳压电源的电路原理。

（2）通过在万能板上合理布局，完成集成稳压电源电路的组装、焊接与调试，牢记安全操作的规范。

（3）提高对LM317集成稳压电源的认识，增强对行业操作标准的了解，养成良好的职业素养。

任务分析

在我国，日常生活中使用最方便的是220 V、50 Hz的交流电源，而电子产品及数控机床一般都需要由低于220V的直流电源供电。这就需要将标准的交流电转换成适应需求的、稳定的直流电。本任务就是通过制作LM317集成稳压电源电路，让学生掌握二极管整流电容滤波及集成稳压的相关知识。

知识准备

一、直流稳压电源结构框图

直流稳压电源的类型很多，目前应用比较广泛的是三端集成稳压电源，其主要结构分为4个部分：电源变压器、整流电路、滤波电路和稳压电路，其结构框图如图8-1-1所示。

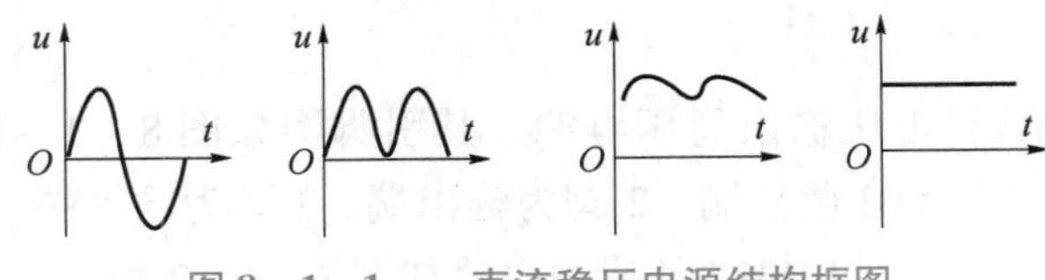

图8-1-1　直流稳压电源结构框图

由图8-1-1可以看出，各部分的作用如下。

（1）电源变压器：将给定的交流电变换为直流电源所需的交流电压值。

（2）整流电路：将大小和方向都变化的交流电转变为大小变换而方向不变的脉动直流电。

（3）滤波电路：将脉动直流电中的交流成分滤掉，转变为平滑的直流电。

（4）稳压电路：使直流电源的输出电压稳定，消除由于电网电压波动、负载变化等对输出电压产生影响的因素。

二、单相桥式整流电路

单相桥式整流电路是最常用的整流电路，如图 8－1－2 所示。

在分析整流电路的工作原理时，依据二极管的单向导电性可知：在 u_2 的正半周期和负半周期，VD_1、VD_3 与 VD_2、VD_4 交替导通，在负载电阻上得到同一个方向的单向脉动电压，其负载两端输出的波形如图 8－1－3 所示，输出平均电压为 $U_o=0.9U_2$。

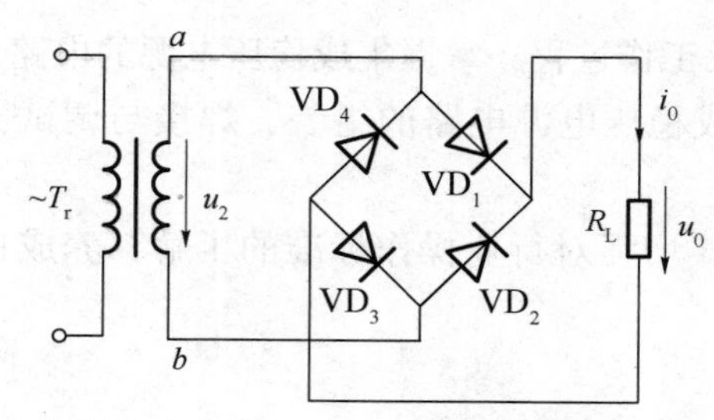

图 8－1－2　单相桥式整流电路

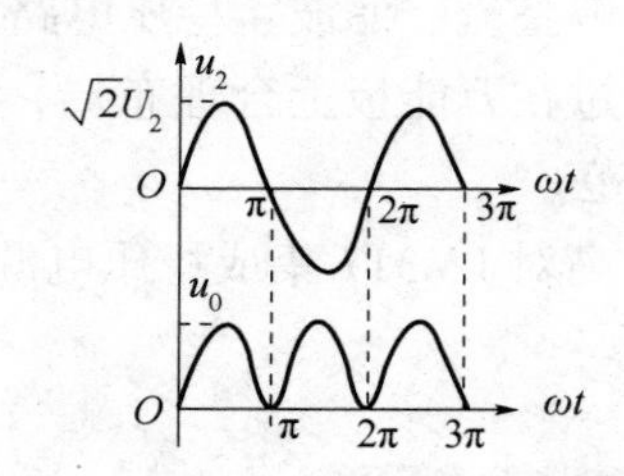

图 8－1－3　单相桥式整流波形

三、电容滤波电路

以单相桥式整流电容滤波电路为例，如图 8－1－4 所示，在负载电阻上并联了一个滤波电容 C。利用电容充放电的特性使输出波形变得平滑，输出电压的平均值升高，如图 8－1－5 所示，负载电压 $U_o=1.2U_2$。

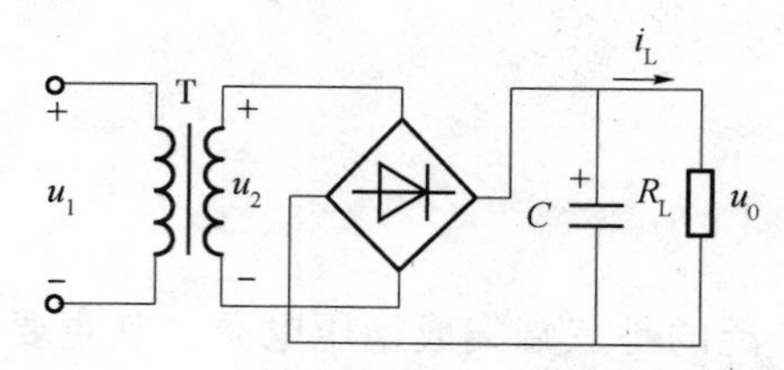

图 8－1－4　单相桥式整流电容滤波电路

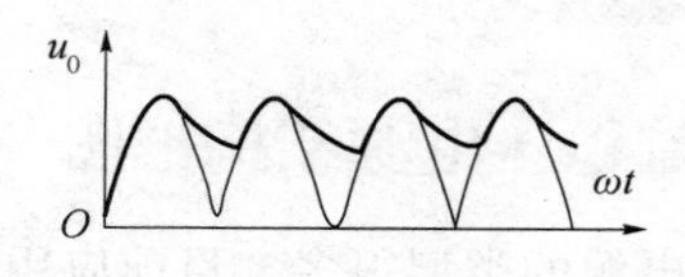

图 8－1－5　桥式整流电容滤波的电压波形

四、LM317 集成稳压电源

LM317 为三端可调式正电压输出稳压电源，其引脚图如图 8－1－6 所示。其中 1 脚为 ADJ 调整端，2 脚为输出端，3 脚为输入端。

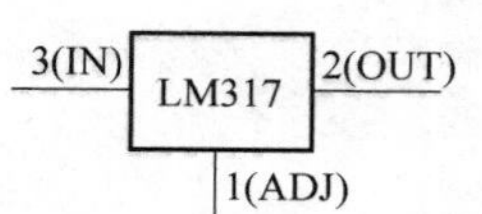

图 8－1－6　LM317 引脚图

LM317 的应用电路如图 8－1－7 所示，它只需外接 2 个电阻（R_1 和 R_P）来确定输出电压。C_1 为滤波电容，C_2 用来预防产生自激振荡，C_3、C_4 用来改善输出电压波形。VD_1、VD_2 起保护作用。

LM317 的输出电压为 $U_o = 1.25\left(1 + \frac{R_P}{R_1}\right)V$，其中，$V$ 为 LM317 的额定输出电压。

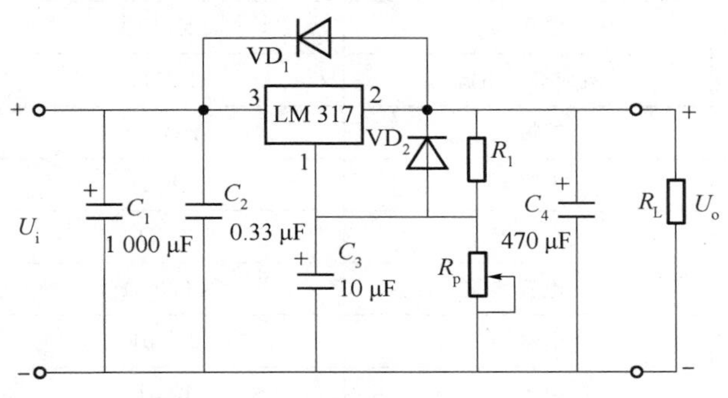

图 8－1－7　LM317 可调输出稳压电源

任务实施

一、电路实施的准备

1. 电路原理

集成稳压电路原理图如图 8－1－8 所示。

该原理图包括降压电路、整流滤波电路和稳压电路三部分。交流电经过 $VD_1 \sim VD_4$ 组成的桥式整流电路转化为脉动直流电，再经过 C_1 滤波电容器转化为非稳定的直流电供给 LM317 三端稳压器的稳压电路，最后经过 C_4 滤波电容器输出。

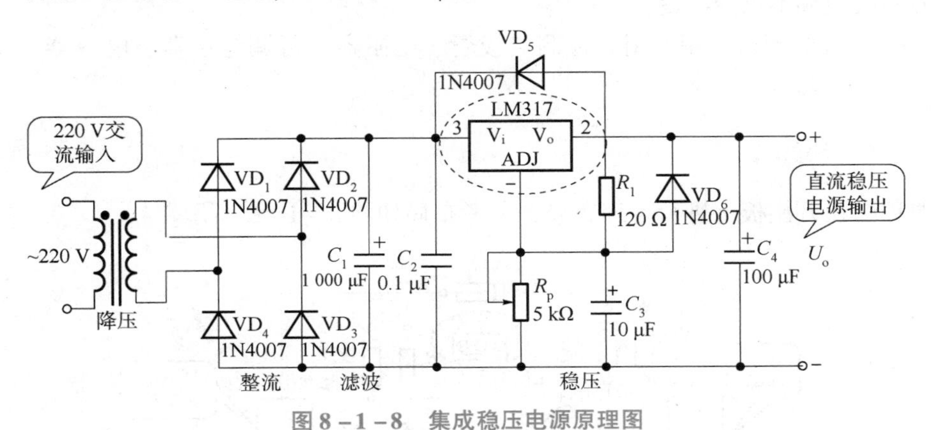

图 8－1－8　集成稳压电源原理图

2. 元器件清单

集成直流稳压电源的元器件见表 8－1－1。

3. 焊接工具的准备

（1）电路焊接工具：电烙铁（25 ~ 35 W）、烙铁架、焊锡丝、松香。

表 8－1－1　集成直流稳压电源的元器件

元器件	名称	规格	数量
T	变压器	220/10 V	1
IC	集成稳压电源	LM317	1
$VD_1 \sim VD_6$	二极管	1N4007	6
R_1	电阻器	120 Ω	1
R_P	电位器	5 kΩ	1
C_1	电容器	1 000 μF	1
C_2	电容器	0. 1 μF	1
C_3	电容器	10 μF	1
C_4	电容器	100 μF	1
	散热片		1
	接线柱		2
	二插头电源线		1
	鳄鱼夹		4

（2）加工工具：剪刀、尖嘴钳、斜口钳、一字形螺丝刀、镊子。

（3）测量仪器：万用表、示波器。

二、元器件识别与检测

（1）外观质量检查。各电子元器件应完整无损，各种型号、规格、标志应清晰、牢固，标志符号不能模糊不清或脱落。

（2）元器件的测试。用万用表检测二极管、电阻器、可调电位器、电容器、变压器的好坏。

三、电路布局

按原理图在万能板上进行合理布局，参考布局如图 8－1－9 所示。

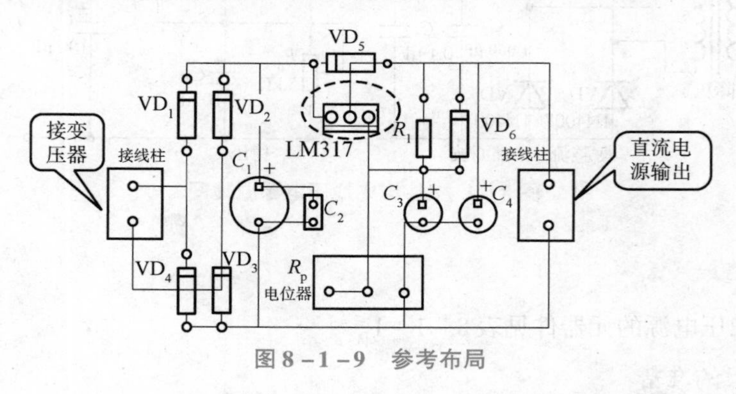

图 8－1－9　参考布局

四、元器件成型与安装

根据参考布局图 8－1－9 完成印制板上元器件的装配。元器件安装顺序原则为先低后高、先轻后重、先耐热后不耐热。本任务的安装顺序是电阻器、二极管、电容器、集成稳压电源、可调电位器、接线柱、变压器。其中 LM317 集成稳压电源的安装方法如图 8－1－10 所示。

图 8－1－10　LM317 集成稳压电源的安装方法

五、元件焊接与电路连接

本任务的焊接过程如下：

（1）焊接电阻 R_1；

（2）焊接二极管 $VD_1 \sim VD_5$，注意二极管方向及负极的标志；

（3）焊接电容 C_1、C_2、C_3、C_4，注意电容负极的标志；

（4）焊接 LM317，注意摆放方向，千万不能混淆 1、3 脚的位置，本任务中是背对着电位器；

（5）焊接电位器，最好安装在外侧，以方便调节；

（6）焊接接线柱，最好安装在外侧，以方便操作。

在电路的连接过程中可以利用元器件的引脚作为导线。集成稳压电源的焊接效果如图 8－1－11 所示。

图 8－1－11　集成稳压电源的焊接效果

六、电路调试与检测

1. 整流滤波电路的检测

（1）检查变压器一次、二次侧线圈有无开、短路现象，确定其情况良好后通电测试其输出电压为交流 12 V，将变压器二次侧输出端与印制板交流输入端相连接。

此步骤也可利用实验室设备调试输出的单相 10 V 交流电代替。

（2）检查元件无误后通电。用万用表测量 C_1 两端的电压，如图 8－1－12 所示；另外用示波器检测观察 C_1 电压的数值及波形，如图 8－1－13 所示；将记录结果列于表 8－1－2 中，测量时注意正负极性的连接。

图 8-1-12　万用表测 C_1 电压

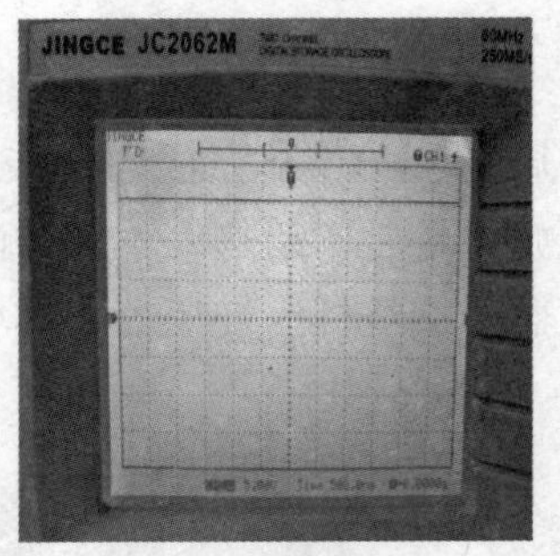

图 8-1-13　示波器检测 C_1 电压及波形

表 8-1-2　整流滤波电路检测结果

检测电压	电压大小	波形图	结果分析
输入电压			
C_1 两端电压			

2. 直流稳压电路的检测

用万用表测量输出电压数值，如图 8-1-14 所示，用示波器检测观察输出电压的数值及波形，如图 8-1-15 所示，将记录结果列于表 8-1-3，测量时注意正负极性的连接。

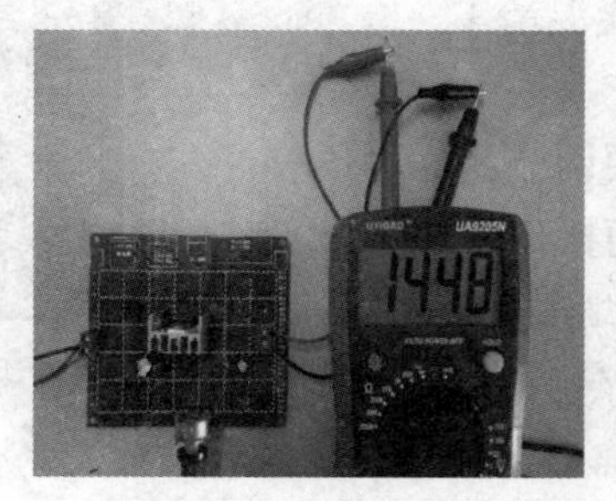

图 8-1-14　万用表测输出电压

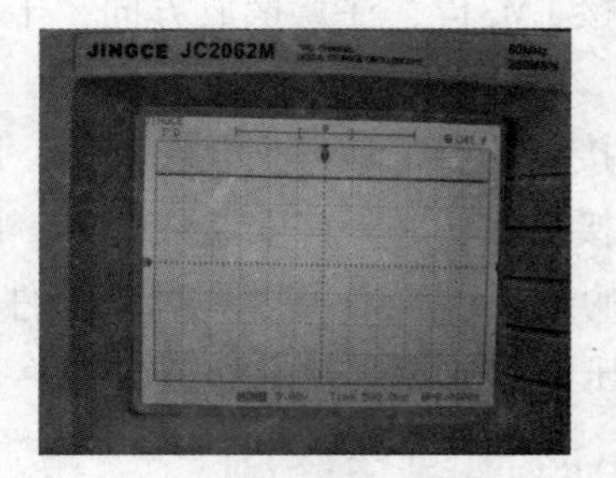

图 8-1-15　示波器检测输出电压

表 8-1-3　直流稳压电路检测结果

检测电压	电压大小	波形图	结果分析
C_1 两端电压			
输出电压			

任务总结

本任务介绍以 LM317 集成稳压电源为核心的可调直流稳压电源的电路组成，该电路包括变压、整流、滤波、稳压 4 个部分。

电路制作过程分“五步”走：准备材料；元器件识别与检测；电路布局；电路焊接；通电检测。测量时注意正负极性的连接。

任务评价

任务指标	评价内容	分值	评价标准	个人评价	小组评价	教师评价
电路布局	元器件布局合理、整齐规范	10	电路排布不合理，元器件不规范、不整齐，每个元器件扣 2 分			
元器件识别与检测	元器件清点检查：用万用表对所有元器件进行检测，并将不合格的元器件筛选出来进行更换，缺少的要求补发	10	错选或检测错误，每个元器件扣 2 分			
装配工艺	元器件引脚成型符合要求；元器件装配到位，装配高度、装配形式符合要求；外壳及紧固件装配到位，不松动，不压线	20	装配不符合要求，每处扣 2 分			
焊接工艺	安装配图进行焊接。要求：无虚焊、桥接、漏焊、半边焊、毛刺、焊锡过量或过少、助焊剂过量等；焊盘翘起脱离；无损坏元器件；无烫伤焊盘、导线塑料件外壳：整板焊接点清洁。插孔式元器件引脚长度为 2 ~ 3 mm，且剪切整齐	25	焊接不符合要求，每处扣 2 分			
电路调试与检测	正确使用仪器仪表	5	装配完成检查无误后通电试验，如有故障应进行排除。按要求进行相应数据的测量，若测量正确，该项计分；若测量错误，该项不计分			
	输入电压：单相交流为 10 V	5				
	参数测试：按照要求，测量输入电压与输出电压的波形及数值	15				
安全文明生产	操作规范，注意操作过程中人身、设备安全，并注意遵守劳动纪律	10	损坏仪器仪表该项扣完；桌面不整洁，扣 5 分；仪器仪表、工具摆放凌乱，扣 5 分			
合计		100				

任务 2　8路抢答器的安装与调试

任务目标

(1) 理解8路抢答器电路的设计过程，掌握8路抢答器的电路图和安装图。

(2) 通过8路抢答器电路的焊接和检测调试，排除简单的电路故障。

(3) 培养学生勇于探索的求知精神。

任务分析

抢答器是机关学校、电视台等单位开展智力竞赛活动必不可少的设备，通过抢答者的按键、数码显示等功能能够准确、公正、直观地判断出优先抢答者。本任务是制作一种基于数字电路的简单的8路抢答器，并进行调试。任务要求是接通电源，在主持人将系统清零后，若有选手按下抢答按键，电路通过优先判断、编码锁存，数码管立即显示出最先动作的选手的编号，同时蜂鸣器发出间歇声响，并保持到主持人清零以后再进行下一轮抢答。

知识准备

一、数字编码电路

编码就是指将具有特定含义的信息（如字母、数字等）用二进制代码来表示的过程，实现编码功能的电路称为编码器。按编码方式的不同，有普通编码器和优先编码器。普通编码器的特点是任何时刻只允许输入1个待编码信号，否则输出将发生混乱。优先编码器允许同时输入2个以上的编码信号，编码器给所有的输入信号规定了优先顺序，当多个输入信号同时出现时，只对其中优先级最高的一个进行编码。本案例的数字编码电路属于普通编码器。

在8路抢答器中，8位选手的按钮编号 S_1 ~ S_8 作为外部输入变量，组成1~8路抢答的编号，按下为“1”。经过内部编码电路输出4位二进制代码，输出量为D、C、B、A，且D为最高位，数字编码电路的真值表见表8-2-1。

表 8－2－1　数字编码电路真值表

输　入								输　出			
S_1	S_2	S_3	S_4	S_5	S_6	S_7	S_8	D	C	B	A
1	0	0	0	0	0	0	0	0	0	0	1
0	1	0	0	0	0	0	0	0	0	1	0
0	0	1	0	0	0	0	0	0	0	1	1
0	0	0	1	0	0	0	0	0	1	0	0
0	0	0	0	1	0	0	0	0	1	0	1
0	0	0	0	0	1	0	0	0	1	1	0
0	0	0	0	0	0	1	0	0	1	1	1
0	0	0	0	0	0	0	1	1	0	0	0

由真值表写出各输出的逻辑表达式为

$$A = S_1 + S_3 + S_5 + S_7$$

$$B = S_2 + S_3 + S_6 + S_7$$

$$C = S_4 + S_5 + S_6 + S_7$$

$$D = S_8$$

用开关和二极管构成数字编码电路，如图 8－2－1 所示。

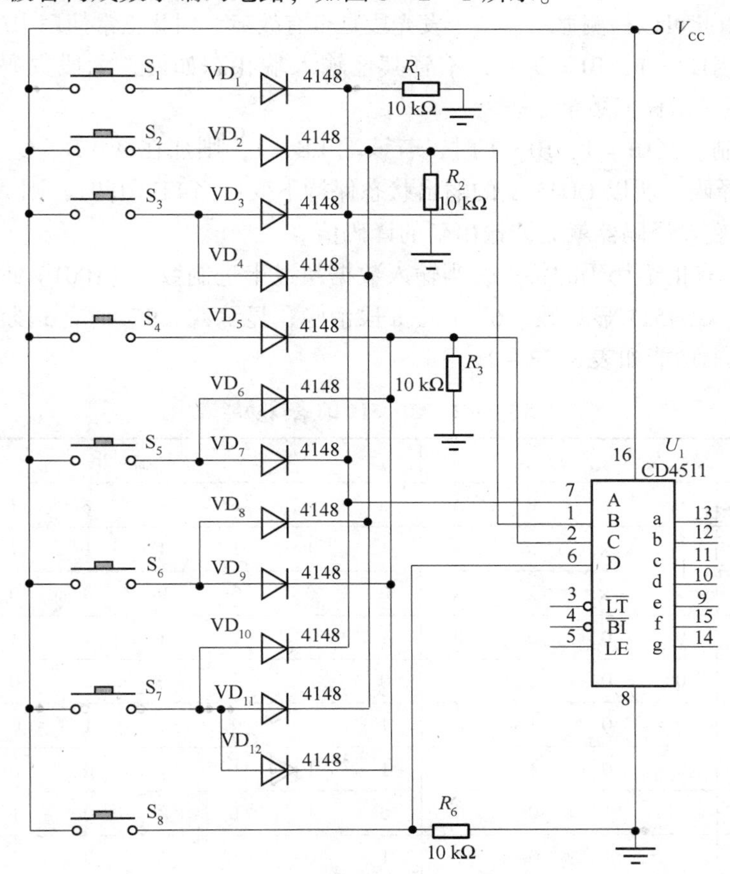

图 8－2－1　二极管数字编码电路

二、译码优先锁存电路

译码是编码的逆过程，即把编码的特定含义“翻译”出来。译码器按其功能特点可以分为二进制译码器、二－十进制译码器和显示译码器等。本任务中二极管编码器实现了对开关信号的编码，并以 BCD 码的形式输出，为了将输出的 BCD 码能够显示对应十进制数，需要用译码显示电路，这里选择 CD4511 作为七段码译码显示驱动器。

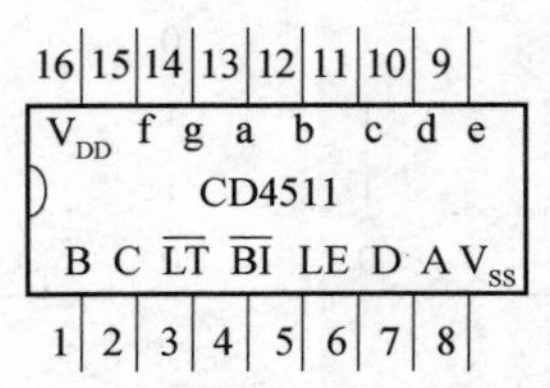

图 8－2－2 CD4511 的引脚排列

CD4511 是一个用于驱动共阴极 LED（数码管）显示器的 BCD－七段码译码器。具有消隐和锁存控制、BCD－七段译码及驱动功能的 CMOS 电路能提供较大的拉电流，可直接驱动 LED 显示器，图 8－2－2 所示为它的引脚排列。

a～g 为译码输出端，试灯输入端为$\overline{LT}$，消隐输入端为$\overline{BI}$，锁存控制端为 LE。

CD4511 的功能如下。

（1）正常译码显示。当 LE＝0、$\overline{BI}$＝1、$\overline{LT}$＝1 时，对输入为十进制数 0～9 的二进制码（0000～1001）进行译码，产生对应的七段显示码。

（2）试灯。当$\overline{LT}$＝0 时，不管输入 D、C、B、A 状态如何，译码输出全为 1，a～g 七段均发亮显示“8”，由此可以检测显示器 7 个发光段是否有故障，因此正常使用中应接高电平。

（3）消隐。当$\overline{LT}$＝1、$\overline{BI}$＝0 时，不管其他输入端状态如何，七段数码管均处于熄灭（消隐）状态，不显示任何数字。

（4）锁存控制。当$\overline{LT}$＝1、$\overline{BI}$＝1 时，若该端 LE＝1，则加在 A、B、C、D 端的外部编码信息不再进入译码，所以 CD4511 的输出状态保持不变；当 LE＝0 时，则 A、B、C、D 端的 BCD 码一经改变，译码器就立即输出新的译码值。

另外 CD4511 有拒绝伪码的特点，当输入数据超过十进制数 9（1001）时，显示字形也自行消隐。同时，CD4511 显示数“6”时，a 段消隐；显示数“9”时，d 段消隐。

CD4511 的逻辑功能如表 8－2－2。

表 8－2－2 CD4511 的逻辑功能表

输入							输出							
LE	$\overline{BI}$	$\overline{LT}$	D	C	B	A	a	b	c	d	e	f	g	显示
×	×	0	×	×	×	×	1	1	1	1	1	1	1	8
×	0	1	×	×	×	×	0	0	0	0	0	0	0	消隐
0	1	1	0	0	0	0	1	1	1	1	1	1	0	0
0	1	1	0	0	0	1	0	1	1	0	0	0	0	1
0	1	1	0	0	1	0	1	1	0	1	1	0	1	2
0	1	1	0	0	1	1	1	1	1	1	0	0	1	3
0	1	1	0	1	0	0	0	1	1	0	0	1	1	4
0	1	1	0	1	0	1	1	0	1	1	0	1	1	5

续表

输入							输出							
LE	$\overline{BI}$	$\overline{LT}$	D	C	B	A	a	b	c	d	e	f	g	显示
0	1	1	0	1	1	0	0	0	1	1	1	1	1	6
0	1	1	0	1	1	1	1	1	1	0	0	0	0	7
0	1	1	1	0	0	0	1	1	1	1	1	1	1	8
0	1	1	1	0	0	1	1	1	1	0	0	1	1	9
0	1	1	1	0	1	0	0	0	0	0	0	0	0	消隐
0	1	1	1	0	1	1	0	0	0	0	0	0	0	消隐
0	1	1	1	1	0	0	0	0	0	0	0	0	0	消隐
0	1	1	1	1	1	0	0	0	0	0	0	0	0	消隐
0	1	1	1	1	1	1	0	0	0	0	0	0	0	消隐
1	1	1	×	×	×	×	*							锁存

由于抢答器都是多路，需满足多位抢答者的抢答要求，这就要求有一个先后判定的锁存优先电路，锁存住第一个抢答信号，显示相应数码并拒绝后面抢答信号的输入干扰。CD4511 内部电路与 VT_1、R_7、R_8、VD_{13}、VD_{14} 组成的控制电路（见图 8-2-3）可完成这一功能。

当抢答键都未按下时，因为 CD4511 的 BCD 码输入端都有接地电阻（10 kΩ），所以 BCD 码的输入端为“0000”，则 CD4511 的输出端 a、b、c、d、e、f 均为高电平，g 为低电平。

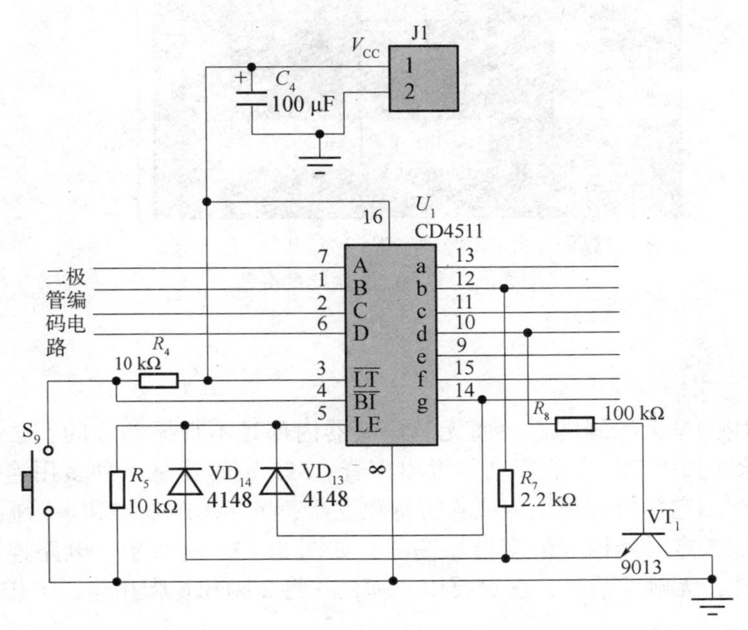

图 8-2-3　锁存优先电路

通过对0～8这9个数字的分析（见表8－2－3）可以看到：

（1）只有当数字为0时，才出现d为高电平，而g为低电平，因此选择g作为锁存信号，经VD_{13}加到CD4511的LE端，此时VT_1导通，VD_{13}、VD_{14}的阳极均为低电平，使LE为低电平“0”，这种状态下CD4511没有锁存而允许BCD码输入。在抢答准备阶段，主持人会按复位键，数码显示器显示为“0”。

（2）正是这种情况下，抢答开始，S_1～S_8任一键按下时，CD4511的输出端根据按下抢答按键的不同，a～g输出不同的高低电平，通过g经D_{13}反馈至LE端，可以实现对2、3、4、5、6、8的锁存，但是1和7由于此时g为低电平，无法锁存，因此再选取b或c作为第二锁存信号。

（3）在利用b或c作为第二锁存信号，显示0时也将锁存，这是不允许的，经过对表8－2－2的分析，选取显示1、7为低电平，而显示0为高电平的d或e、f作为第二锁存信号的控制信号，b接VT_1的集电极，d接VT_1的基极。当显示1、7时，b为高电平，d为低电平，VT_1截止，b经VD_{14}送LE锁存；当显示0时，b、d均为高电平，VT_1饱和导通，VD_{14}的阳极为低电平，无法锁存。

0～8数字的分析如图8－2－4所示。

a	b	c	d	e	f	g		
1	1	1	1	1	1	0	0	
0	1	1	0	0	0	0	1	b/d
1	1	0	1	1	0	1	2	g
1	1	1	1	0	0	1	3	g
0	1	1	0	0	1	1	4	g
1	0	1	1	0	1	1	5	g
0	0	1	1	1	1	1	6	g
1	1	1	0	0	0	0	7	b/d
1	1	1	1	1	1	1	8	g

第一种情况：g亮，或第二种情况：b亮、d（e、f）不亮

图8－2－4　0～8数字的分析

三、报警电路

报警电路选用的是无源蜂鸣器，而无源蜂鸣器内部是不带振荡源的，必须用500 Hz～4.5 kHz之间的脉冲频率信号才能驱动并发出声音。555定时器是一种多用途的数字－模拟混合集成电路，利用它能极方便地构成施密特触发器、单稳态触发器和多谐振荡器。

重点介绍用555定时器构成的多谐振荡器，如图8－2－5所示。电路连接特征为外加R_1、R_2、C等元件，无触发信号，一定要用7脚，并将2脚和6脚相连。工作原理如下。

（1）接通电源V_{CC}后，$u_C=0$ V，此时，$U_{TH}<\frac{2}{3}V_{CC}$，$U_{TR}<\frac{1}{3}V_{CC}$，555定时器内基本RS触发器被置1，输出u_o为高电平U_{OH}，电路处于第一暂稳态，V_{CC}经电阻R_1和R_2对电容器C

充电，其电压 u_C 由 0 按指数规律增加。

（2）当 $u_C \geqslant \frac{2}{3}V_{CC}$ 时，$U_{TH} \geqslant \frac{2}{3}V_{CC}$，$U_{TR} > \frac{1}{3}V_{CC}$，555 定时器内基本 *RS* 触发器被置 0，输出 u_o 跃到低电平 U_{OL}，电路进入第二暂稳态，与此同时，放电管 VD 导通，电容 *C* 经电阻 R_2 和 VD 放电。

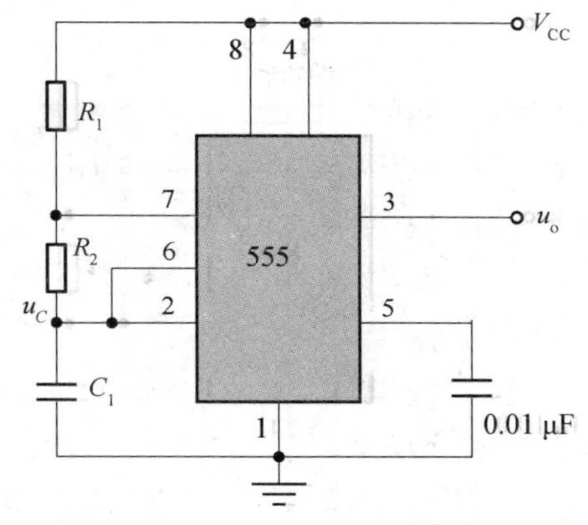

图 8-2-5　555 定时器构成的多谐振荡器

（3）随着电容 *C* 的放电，u_C 随之下降。当 $u_C \leqslant \frac{1}{3}V_{CC}$ 时，则 $U_{TH} < \frac{2}{3}V_{CC}$，$U_{TR} \leqslant \frac{1}{3}V_{CC}$，基本 *RS* 触发器被置为 1，输出电压 u_o 由低电平 U_{OL} 跃到高电平 U_{OH}。同时放电管 VD 截止，电源 V_{CC} 又经过 R_1 和 R_2 对电容 *C* 充电，电路又回到第一暂稳态。

因此，电容 *C* 上的电压 u_C 在 $2/3V_{CC}$ 和 $1/3V_{CC}$ 之间来回充电和放电，从而使电路产生振荡，输出矩形脉冲。

本报警电路中蜂鸣器通过 C_3 接在 555 定时器的 3 脚与地之间。$R_{16} = R_{17} = 10\ \text{k}\Omega$，$C_1 = 0.01\ \mu\text{F}$，$R_{16}$ 没有直接和电源相接，而是通过 4 个 1N4148 组成二极管或门电路接 CD4511 的 1、2、6、7 脚，即输入 BCD 码，当任何抢答按键按下时，报警电路都能振荡发出响声，振荡频率 $f_0 = 1.43/[(R_{16} + 2R_{17})C_1]$。抢答器报警电路如图 8-2-6 所示。

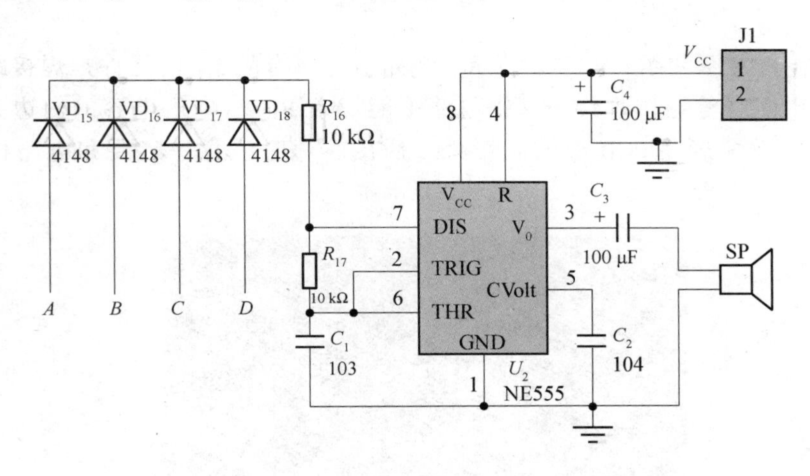

图 8-2-6　抢答器报警电路

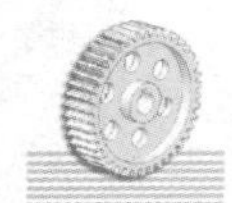

任务实施

一、电路装配准备

1. 电路原理图

8 路抢答器原理图如图 8-2-7 所示。

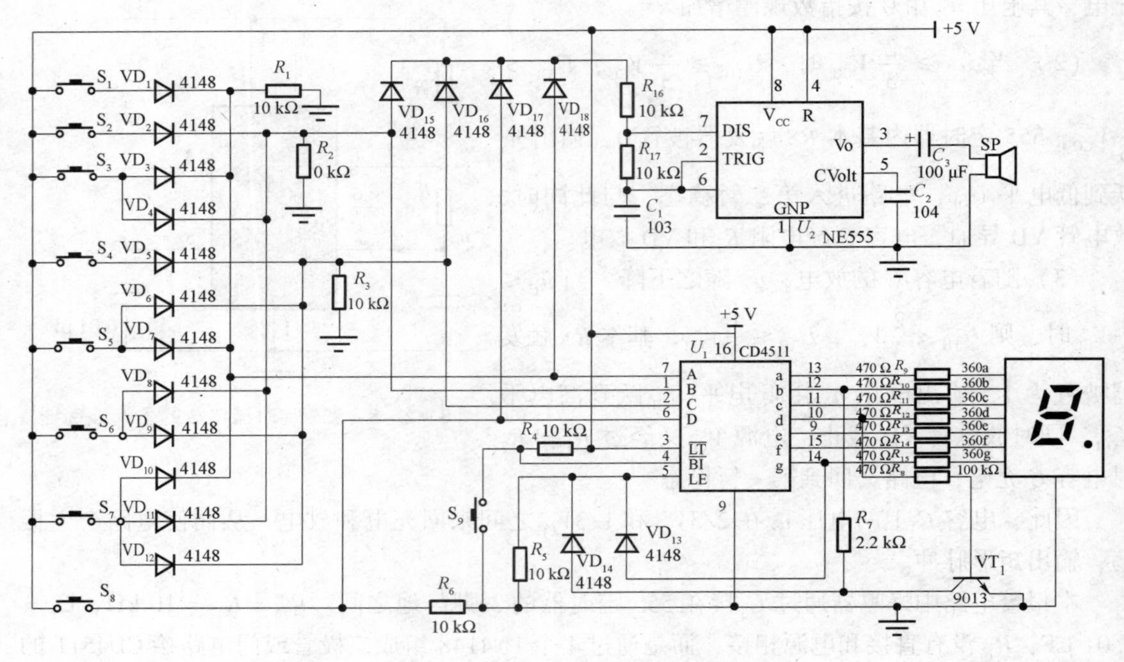

图 8－2－7　8 路抢答器原理图

2. PCB 图

8 路抢答器 PCB 图如图 8－2－8 所示。电路板上所有的 J＊的元件是焊接跳线用的接口，请自行用电阻腿等导体焊接，否则电路不能正常工作。电解电容的白边为负，二极管黑端为负，负极焊接在 PCB 板的阴影处。插接芯片时注意一定要和电路板印刷方向一致。

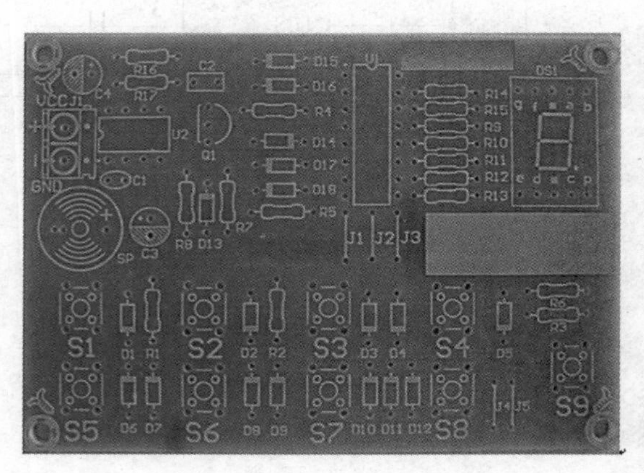

图 8－2－8　8 路抢答器 PCB 图

3. 元器件清单

8 路抢答器的元器件清单见表 8－2－3。

表 8-2-3　8 路抢答器的元器件清单

序号	元件编号	元件名称	规格/型号	数量
1	$J_1 \sim J_5$	跳线		5
2	$VD_1 \sim VD_{18}$	二极管	1N4148	18
3	$R_1 \sim R_6$	电阻	10 kΩ	6
	R_7	电阻	2.2 kΩ	1
	R_8	电阻	100 kΩ	1
	R_{16}，R_{17}	电阻	10 kΩ	2
	$R_9 \sim R_{15}$	电阻	470 Ω	7
4	C_1	瓷片电容	103	1
	C_2	瓷片电容	104	1
5	U_1	芯片座	CD4511	1
	U_2	芯片座	NE555	1
6	$S_1 \sim S_9$	轻触按键	6 mm×6 mm	9
7	VT_1	三极管	9013	1
8	DS_1	数码管	一位，红色	1
9	SP	无源蜂鸣器	5 V	1
10	U_{CC}	接线柱		1
11	$C_3 \sim C_4$	电解电容	100 μF	2
12		电池盒	3 节 5 号	1
13	单面板	PCB 板	70 mm×80 mm	1

4. 装配工具和仪器

(1) 电路焊接工具：电烙铁（25~35 W）、烙铁架、焊锡丝、松香。

(2) 加工工具：剪刀、尖嘴钳、斜口钳、一字形螺丝刀、镊子。

(3) 测量仪器：万用表。

二、元器件的筛选与检测

1. 外观质量检查

各电子元器件应完整无损，各种型号、规格、标志应清晰、牢固，标志符号不能模糊不清或脱落。

2. 元器件的测试

用万用表检测二极管、电阻、晶体管、电容的好坏。集成电路可用 IC 测试仪来检测，若不具备此条件，也可直接安装，然后在路测量。这里重点介绍无源蜂鸣器和数码管的检测。

(1) 无源蜂鸣器的检测：将电池组正极接蜂鸣器的“+”或“-”极，电池组负极来回碰蜂鸣器的“-”或“+”极，若有“咔咔”声则判别蜂鸣器是好的，否则蜂鸣器损

坏。蜂鸣器的检测具体操作见表 8－2－4。

表 8－2－4　蜂鸣器的检测

测量过程	结果分析
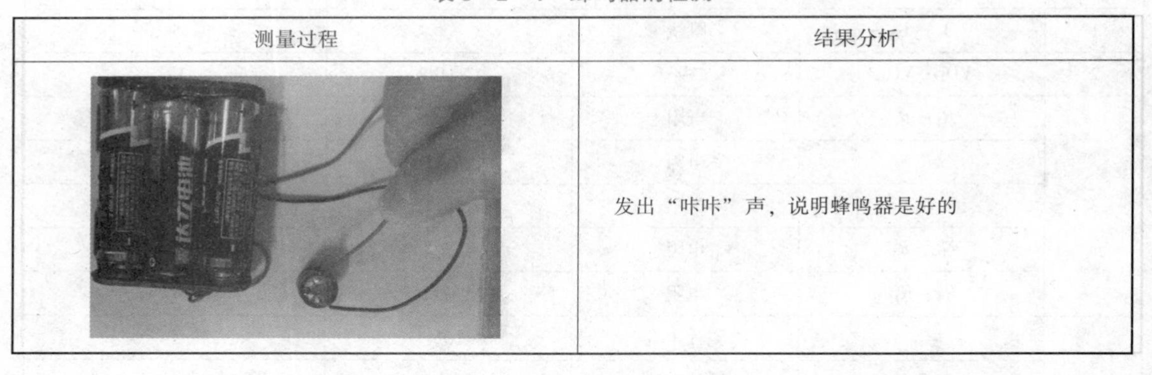	发出“咔咔”声，说明蜂鸣器是好的

（2）数码管的检测：将数字万用表置于二极管挡，黑表笔接公共端，红表笔接其他引脚，即分别加正电压，观察数码管相应的笔画应发光，否则有损坏，表 8－2－5 所示为检测七段数码管的 c 笔画和 e 笔画，用相同的方法依次检测其他笔画。

表 8－2－5　数码管的检测

序号	测量过程	结果分析
1		七段数码管 c 笔画亮
2		七段数码管 e 笔画亮

三、电路的装配焊接过程

装配原则：先低后高，先分立后集成，先小件后大件，同类型元件尽量统一安装。接插件、紧固件安装可靠牢固，印制板安装到位；无烫伤和划伤处，整机清洁无污物。焊接过程如下。

（1）先焊接最低的 5 个跳线，再焊接二极管。注意二极管的正负极性，如图 8－2－9 所示。

（2）焊接电阻、瓷片电容、芯片底座和按键，注意底座方向，如图 8－2－10 所示。

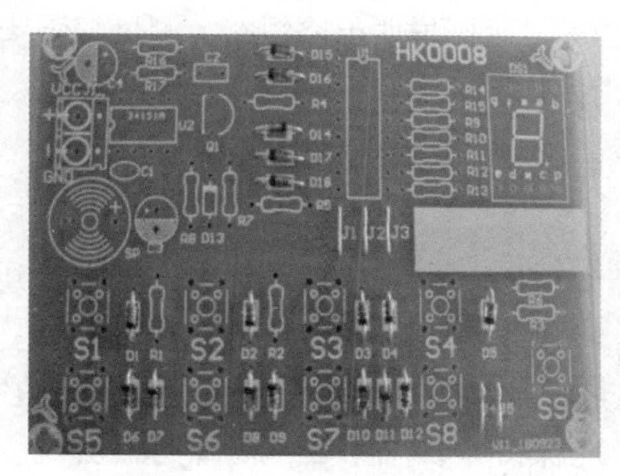

图 8－2－9　焊接跳线和二极管

图 8－2－10　焊接电阻、瓷片电容、芯片底座和按键

（3）焊接三极管、数码管、蜂鸣器，注意摆放位置，如图 8－2－11 所示。

（4）焊接接线柱、电解电容，最后插上 555 定时器和 CD4511 芯片，8 路抢答器就做好了，如图 8－2－12 所示。

图 8－2－11　焊接三极管、数码管、蜂鸣器

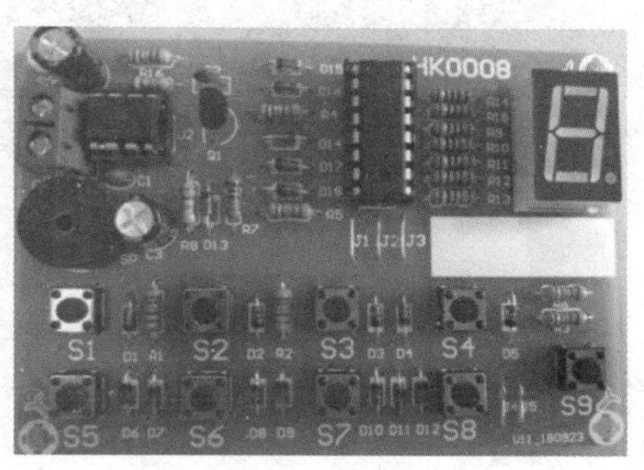

图 8－2－12　焊接接线柱、电解电容

四、电路的调试

1. 初步调试

对已完成装配、焊接的工件仔细检查质量，重点是装配的准确性，包括元器件位置、二极管和电解电容引脚正负极性是否都连接正确；集成芯片方向是否正确；接线是否有差错；焊点质量是否有虚焊、漏焊、搭焊、空隙、毛刺等；元器件整形及安装方式是否符合工艺要求。

2. 用万用表检查

将数字万用表打到电阻挡的“200 Ω”挡。

1）检查集成块的脚位相互间有无短路

用万用表的表笔分别测量集成块的相邻引脚，电阻不能为零。如出现电阻为零的现象，应分析原因，判断集成块是否正常。在本电路中，短路是不正常的，应找出短路的原因。

2）检查关键点对地有无短路现象

用万用表的表笔（不必分正负）一端接地线，另一端接测量点，测量集成块的各引脚电

阻，除集成块的地线电阻应为零外，其余不能为零，否则说明电路短路。测量编码二极管的负极对地电阻时，电阻不能为零，否则在工作中会损坏二极管。

3. 通电调试

经过初步调试后就可以进行通电调试了。

(1) 将电压为4.5 V的电源接到8路抢答器的正负端，不能接错，否则会将集成块烧坏。

(2) 此时数码管应为“0”，如抢先按下 S_7 按键，数码管立即显示“7”的数码，同时，蜂鸣器发出响声，松开按键，声音停止，数码管的显示保持原状态不变，如图8-2-13所示。

(3) 接着分别按其余的按键，数码管显示应保持原状态不变，但蜂鸣器会响。只有按 S_9 复位键，才显示复位“0”，允许进行下一轮抢答，如图8-2-14所示。

图8-2-13 数码管的7号抢答状态

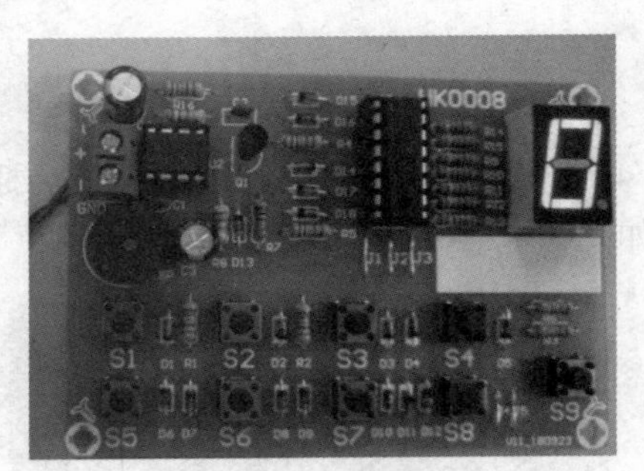

图8-2-14 数码管的复位状态

(4) 调试出8路抢答器的功能要求，本电路安装调试就完成了。若调试未出现问题，则可以进入下一步的故障检修工作。

4. 数据检测

(1) 检查电路无误后，接通电源，测量三极管 VT_1 在下列情况下的c、e间的电压。

①按下 S_2 时，VT_1 的c、e间的电压为________（V）；此时 VT_1 的状态为________（截至/饱和）。

②按下 S_7 时，VT_1 的c、e间的电压为________（V）；此时 VT_1 的状态为________（截至/饱和）

(2) 按下任意键，检查CD4511的9~15脚的电压，如图8-2-15所示，同时完成七段数码管对应脚的电压值，完成表8-2-6并比较产生电压差异的原因。

图8-2-15 检查9~15脚的电压

表 8－2－6　检测 a～g 的电压值

名称	电压值						
按键	a	b	c	d	e	f	g

五、常见故障及排除

常见故障及检修排除方法见表 8－2－7。

表 8－2－7　常见故障及检修排除方法

故障现象	故障分析	排除方法
数码管不显示或显示不全	1. 电源未接好； 2. 数码管接触不良或焊点不好； 3. CD4511 损坏	1. 重新连接； 2. 移动数码管或重新焊接； 3. 更换新元器件
某一个按键不显示	1. 按键虚焊； 2. 相关编码二极管的极性错误； 3. 到 CD4511 的引脚线路有断路	1. 重新焊接； 2. 更换新元器件； 3. 用万用表检测线路是否导通
1.7 锁不住	1. CD4511 损坏； 2. 三极管 c、e 间的电压变化	1. 更换新元器件； 2. 更换三极管或重新焊接
蜂鸣器不响	1. NE555 损坏； 2. 蜂鸣器焊接有问题； 3. 测量蜂鸣器两端电压是否为零	1. 更换新元器件； 2. 重新焊接； 3. 电压为零且不变，则要检测二极管电路

任务总结

8 路抢答器主要由数字编码电路、译码/优先/锁存驱动电路、数码显示电路和报警电路组成。接通电源时，S_1～S_8 中的任意一个按键被抢先按下时，蜂鸣器发出响声，而 CD4511 输出端 d 为低电平，或输出端 g 为高电平，这两种状态中必有一个存在或都存在。此时，CD4511 的第 5 脚为高电平，CD4511 接受编码信息锁存，同时将相应 a～g 的高电平送给七段数码管显示选手的编号。之后从 BCD 码输入端送来的数据不再显示，这就实现了抢答功能，直到按下 S_9 键，清除锁存器中的数据，准备下一轮的抢答。

电路装配前需要用万用表对所有元器件进行检测。电路装配原则：先低后高，先分立后集成，先小件后大件，同类型元件尽量统一安装。焊接时尤其要注意芯片底座的焊点，若靠的比较近，则容易发生烫焊、连焊现象。电路的调试步骤为初步调试→万用表检查项目→通电调试。

任务评价

任务指标	评价内容	分值	评价标准	个人评价	小组评价	教师评价
元件筛选与检测	元器件清点检查：用万用表对所有元器件进行检测，并将不合格的元器件筛选出来进行更换，缺少的要求补发	20	错选或检测错误，每个元器件扣2分			
装配工艺	元器件引脚成型符合要求；元器件装配到位，装配高度、装配形式符合要求；外壳及紧固件装配到位，不松动，不压线	20	装配不符合要求，每处扣2分			
焊接工艺	按装配图进行接装。要求：无虚焊、桥接、漏焊、半边焊、毛刺、焊锡过量或过少助焊剂过量等；无焊盘翘起脱落；无损坏元器件；无烫伤焊盘、导线塑料件外壳；整板焊接点清洁。插孔式元器件引脚长度为2～3 mm，且剪切整齐	25	焊接不符合要求，每处扣2分			
电路调试与检测	正确使用仪器仪表	5	1. 装配完成检查无误后，通电试验，如有跳过初步调试直接通电调试出现问题，扣5分； 2. 如有故障应进行排除。若故障未排除，该项扣10分			
	供电直流电压为4.5 V	5				
	电路调试正确	15				
安全文明生产	操作规范、注意操作过程人身、设备安全，并注意遵守劳动纪律。	10	损坏仪器仪表该项扣完；桌面不整洁扣5分；仪器仪表、工具摆放凌乱扣5分			
合计		100				